中高职衔接贯通培养计算机类系列教材

计算机网络技术与应用

柴方艳　李世财　主编

何　鑫　主审

化学工业出版社

·北京·

本书以思科网络设备和Windows Server 2008 R2操作系统为平台，介绍了子网划分、网络综合布线系统规划与设计、虚拟局域网和生成树协议的应用、常用路由技术、创建和管理 Windows 域、PKI 技术运用、远程桌面服务配置与应用等网络技术。内容选取依据大中型企业网络建设需求，逐步深入，通过学习，能够管理和维护拓扑简单的大中型企业网络。

本书突出职业能力、实践技能的培养，设计了多个实验案例，步骤清晰，图文并茂，具有实用性和实践性。

本书适合作为各类职业院校计算机专业的教材，也可用作计算机网络培训教材，还可作为从事网络管理的专业人员及网络爱好者的参考书。

图书在版编目（CIP）数据

计算机网络技术与应用 / 柴方艳，李世财主编.
北京：化学工业出版社，2017.3
中高职衔接贯通培养计算机类系列教材
ISBN 978-7-122-28952-0

Ⅰ.①计… Ⅱ.①柴… ②李… Ⅲ.①计算机网络-职业教育-教材 Ⅳ.①TP393

中国版本图书馆 CIP 数据核字（2017）第 017595 号

责任编辑：张绪瑞 廉 静　　装帧设计：刘丽华
责任校对：边 涛

出版发行：化学工业出版社（北京市东城区青年湖南街 13 号 邮政编码 100011）
印 装：三河市航运印刷有限公司
787mm×1092mm 1/16 印张 9¼ 字数 216 千字 2017 年 3 月北京第 1 版第 1 次印刷

购书咨询：010-64518888(传真：010-64519686) 售后服务：010-64518899
网 址：http://www.cip.com.cn
凡购买本书，如有缺损质量问题，本社销售中心负责调换。

定 价：**28.00** 元

中高职衔接贯通培养计算机类系列教材
编审委员会

编 写 说 明

黑龙江农业经济职业学院2013年被黑龙江省教育厅确立为黑龙江省首批中高职衔接贯通培养试点院校，在作物生产技术、农业经济管理、畜牧兽医、水利工程、会计电算化、计算机应用技术6个专业开展贯通培养试点，按照《黑龙江省中高职衔接贯通培养试点方案》要求，以学院牵头成立的黑龙江省现代农业职业教育集团为载体，与集团内20多所中职学校合作，采取“二三分段”（两年中职学习、三年高职学习）和“三二分段”（三年中职学习、两年高职学习）培养方式，以“统一方案（人才培养方案、工作方案）、统一标准（课程标准、技能考核标准），共享资源、联合培养”为原则，携手中高职院校和相关行业企业协会，发挥多方协作育人的优势，共同做好贯通培养试点工作。

学院高度重视贯通培养试点工作，紧紧围绕黑龙江省产业结构调整及经济发展方式转变对高素质技术技能人才的需要，坚持以人的可持续发展需要和综合职业能力培养为主线，以职业成长为导向，科学设计一体化人才培养方案，明确中职和高职两个阶段的培养规格，按职业能力和素养形成要求进行课程重组，整体设计、统筹安排、分阶段实施，联手行业企业共同探索技术技能人才的系统培养。

在贯通教材开发方面，学院成立了中高职衔接贯通培养教材编审委员会，依据《教育部关于推进中等和高等职业教育协调发展的指导意见（教职成[2011]9号）》及《教育部关于“十二五”职业教育教材建设的若干意见（教职成[2012]9号）》文件精神，以“五个对接”（专业与产业对接、课程内容与职业标准对接、教学过程与生产过程对接、学历证书与职业资格证书对接、职业教育与终身学习对接）为原则，围绕中等和高等职业教育接续专业的人才培养目标，系统设计、统筹规划课程开发，明确各自的教学重点，推进专业课程体系的有机衔接，统筹开发中高职教材，强化教材的沟通与衔接，实现教学重点、课程内容、能力结构以及评价标准的有机衔接和贯通，力求“彰显职业特质、彰显贯通特色、彰显专业特点、彰显课程特性”，编写出版了一批反映产业技术升级、符合职业教育规律和技能型人才成长规律的中高职贯通特色教材。

系列贯通教材开发体现了以下特点：

一是创新教材开发机制，校企行联合编写。联合试点中职学校和行业企业，按课程门类组建课程开发与建设团队，在课程相关职业岗位调研基础上，同步开发中高职段紧密关联课程，采取双主编制，教材出版由学院中高职衔接贯通培养教材编审委员会统筹管理。

二是创新教材编写内容，融入行业职业标准。围绕专业人才培养目标和规格，有效融入相关行业标准、职业标准和典型企业技术规范，同时注重吸收行业发展的新知识、新技术、新工艺、新方法，以实现教学内容的及时更新。

三是适应系统培养要求，突出前后贯通有机衔接。在确定好人才培养规格定位的基础上，合理确立课程内容体系。既要避免内容重复，又要避免中高职教材脱节、断层问题，要着力突出体现中高职段紧密关联课程的知识点和技能点的有序衔接。

四是对接岗位典型工作任务，创新教材内容体系。按照教学做一体化的思路来开发教材。科学构建教材体系，突出职业能力培养，以典型工作任务和生产项目为载体，以工作过程系统化为一条明线，以基础知识成系统和实践动手能力成系统为两条暗线，系统化构建教材体系，并充分体现基础知识培养和实践动手能力培养的有机融合。

五是以自主学习为导向，创新教材编写组织形式。按照任务布置、知识要点、操作训练、知识拓展、任务实施等环节设计编写体例，融入典型项目、典型案例等内容，突出学生自主学习能力的培养。

贯通培养系列教材的编写凝聚了贯通试点专业骨干教师的心血，得到了行业企业专家的支持，特此深表谢意！作为创新性的教材，编写过程中难免有不完善之处，期待广大教材使用者提出批评指正，我们将持续改进。

中高职衔接贯通培养计算机类系列教材编审委员会

2016 年 6 月

随着云计算、虚拟化、移动互联、大数据、物联网等新技术的迅速发展和广泛应用，企业网络应用变得越来越复杂。企业不仅需要搭建基本的网络环境，更要保障网络环境的安全、可靠。熟练运用计算机网络技术构建安全可靠的网络是当今计算机相关专业学生必备的能力。

本书突出职业能力培养，以企业从简单到复杂的网络需求为主线，从解决局域网IP地址少、冲突域、广播域、带宽等问题到局域网综合布线，从互联网接入到域环境网络的搭建和应用，步骤清晰，内容全面。

本书共9章，第1章主要介绍IP子网的划分方法，能使学生学会子网划分技能；第2章主要介绍网络综合布线系统规划与设计，能使学生学会布设办公区网络、网络布线测试与验收等技能；第3章主要介绍虚拟局域网VLAN的划分与配置、生成树协议STP的应用，能使学生学会运用VLAN隔离广播，运用STP消除网络中环路等技能；第4、5章主要介绍运用路由技术实现VLAN间的网络互通、网络访问控制、网络地址转换等路由应用技术，能使学生学会配置路由协议实现网络通信和访问控制等技能；第6章主要介绍Windows域环境搭建以及域环境的网络管理，能使学生学会创建和管理Windows域；第7~9章主要介绍运用远程访问服务通过互联网安全快捷地访问企业局域网、使用PKI技术保障网络访问安全、远程桌面服务配置与应用，能使学生学会配置远程访问服务，并会配置远程访问策略限定访问条件，会运用PKI技术加密网络传输信息，会配置远程桌面服务，为终端提供访问应用。通过全书的学习，最终达到能够管理和维护拓扑简单的大中型企业网络的目的。另外，各章均设置了实验案例部分和习题部分，教师可通过分析案例中的网络需求，依据推荐的操作步骤，引导学生完成操作，力求让学生体验企业的真实工作环境，使学生可以轻松、愉快地完成学习过程。

本书由黑龙江农业经济职业学院柴方艳、泰来县职业技术教育中心学校李世财担任主编，黑龙江农业经济职业学院王海波担任副主编，负责制订编写大纲和全书统稿工作。其中，第1、2章由黑龙江农业经济职业学院庄伟编写，第3~5章由王海波编写，第6章由李世财编写，第7~9章由柴方艳编写。全书由何鑫主审。

本书既可作为职业院校计算机专业的教材，也可作为相关人员的计算机网络培训教材，还可作为从事网络管理的专业人员及网络爱好者的参考书。

书中不当之处，恳请广大读者指正。

编者

2016年6月

CONTENTS

目录

第1章 IP子网划分

第2章 网络综合布线系统

第3章 虚拟局域网VLAN与生成树协议STP

第9章 远程桌面服务

第 1 章 IP 子网划分

学习目标

- 理解子网划分的意义；
- 理解有类地址和无类地址的概念；
- 能够进行子网划分。

1.1 子网划分基础

计算机中的数是用二进制表示的，二进制由 0 和 1 两个数字符号组成。十进制和二进可互相转换。二进制通过按权展开相加法转换为十进制，十进制通过除二取余法转换为二进制。IP 地址由 32 位二进制数组成，一般用点分十进制来表示，如 192.168.1.33。

1.1.1 IP 地址

IP 地址由两部分组成，包含网络 ID 与主机 ID。网络 ID 用于标识不同的网络，同一个网络内的每台主机拥有相同的网络 ID；主机 ID 用于标识网络内的每一台主机，同一个网络内的每台主机都有唯一的主机 ID。

如果网络需要与外界通信，可能需要为此网络申请一个网络 ID，网络内的所有主机都使用相同的网络 ID，然后给网络内主机分配唯一的主机 ID，因此，网络中每台主机的 IP 地址都是由网络 ID+主机 ID 构成。用户可以向 ISP（Internet Service Provider，互联网服务提供商）申请网络 ID。

如果此网络不与外界因特网连接，则可以自行选择任何一个可用的网络 ID，但网络内各主机的 IP 地址不能相同。

IP 地址版本分为 IPv4 和 IPv6，IPv6 由 128 位二进制组成，分为 8 段，以冒号隔开。Windows Server 2008 R2 也支持 IPv6，目前尚没有普遍使用。本教材中的 IP 地址均为 IPv4。

IP 地址分为 A、B、C、D、E 五大类，其中 A、B、C 三类 IP 地址可供一般主机使用，网络 ID 与主机 ID 划分有相应的规则。D、E 两类不划分网络 ID 与主机 ID，D 类地址是用于组播通信的地址，E 类地址是用于科学研究的保留地址，它们不能在互联网上作为节点地址使用。

A 类 IP 地址规定第一个 8 位组为网络 ID，其余三个 8 位组为主机 ID。网络 ID 的取值范围为 1～126，可以提供 126 个 A 类网络 ID。0（8 位全为 0）和 127（8 位全为 1）具有特殊用途，保留使用。主机 ID 的 24 位可用最大主机数目为 $2^{24}-2$=16777 214 个（减 2 是去掉主机部分全为 0 和全为 1 的两个地址）。由此可见，A 类 IP 地址适合于大型网络。

B 类 IP 地址规定前两个 8 位组为网络 ID，后两个 8 位组为主机 ID。第一个 8 位组取值范围为 128～191，可以提供 (191−128+1)×256=16384 个 B 类网络 ID。主机 ID 的 16 位可用最大主机为 $2^{16}-2$=65 534 个。由此可见，B 类 IP 地址适合于中等规模的网络。

C 类 IP 地址规定前三个 8 位组为网络 ID，最后一个 8 位组为主机 ID。第一个 8 位组取值范围为 192～223，可以提供 (223−192+1)×256×256=2097152 个 C 类网络 ID。主机 ID 的 8 位可用最大主机数为 $2^{8}-2$=254 个。由此可见，C 类 IP 地址适合于小型网络。

目前 Internet 上只使用 A、B、C 三类地址，为了满足企业用户在 Intranet 上使用需求，从 A、B、C 三类地址中分别划出一部分地址供企业内部网络使用，这部分地址称为私有地址。私有地址不能在 Internet 上使用，包括以下 3 组：

✓ 10.0.0.0～10.255.255.255；

✓ 172.16.0.0～172.31.255.255；

✓ 192.168.0.0～192.168.255.255。

1.1.2 子网掩码

在网络中不同主机之间的通信有两种情况，一种是同一个网段中两台主机之间相互通信，另一种是不同网段中两台主机之间相互通信。具有相同网络地址的 IP 地址称为同一个网段的 IP 地址。

如果同一网段内两台主机通信，则主机将数据直接发送给另一台主机；如果不在同一个网段内的两台主机通信，则主机将数据送给网关，再由网关转发。因此，相互通信的计算机首先要得知双方的网络 ID，进而得知彼此是否在相同网络内，这就需要借助子网掩码。

子网掩码与 IP 地址一样，也是由 32 个二进制位组成，对应 IP 地址的网络部分用 1 表示，对应用 IP 地址的主机部分用 0 表示，通常也是用 4 个点分十进制数表示。当为网络中的主机分配 IP 地址时，也要一并给出主机所使用的子网掩码。

✓ A 类地址的默认子网掩码是 255.0.0.0；

✓ B 类地址的默认子网掩码是 255.255.0.0；

✓ C 类地址的默认子网掩码是 255.255.255.0。

有了子网掩码后，只要把地址和子网掩码作逻辑“与”运算，所得的结果就是 IP 地址的网络地址。例如，给出 IP 地址 192.168.1.3，子网掩码 255.255.255.0，将 IP 地址和子网掩码进行“与”运算，可得出 IP 地址的网络 ID。

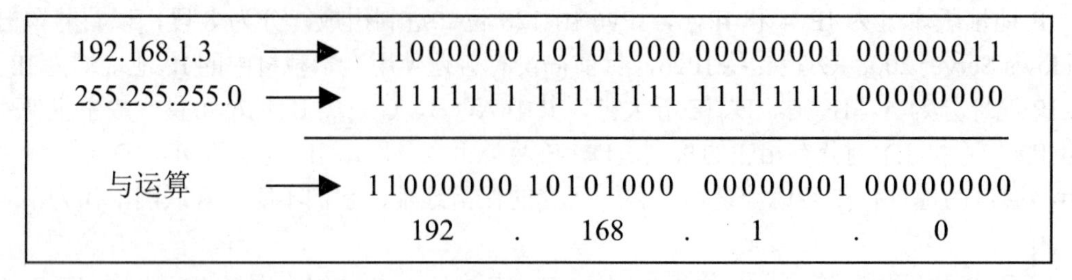

使用点分十进制的形式表示掩码书写比较麻烦，为了书写简便，可以使用“IP 地址 / 掩码中 1 的位数”来表示，如 192.168.1.100/24。

1.1.3 子网划分原理

IP地址分类中可以用于主机的有A、B、C三类。其中A类地址有126个网络，每个网络中包含2^{24}-2个可以使用的主机地址。如果将一个A类地址分配给一个企业或学校，这样会导致大部分IP地址被浪费。例如：某公司的网络中有300台主机，分配一个C类地址（254个主机地址）显然是不够用的，分配一个B类地址（65535个主机地址）又太浪费了。虽然A、B、C类IP地址可以提供大约37亿个主机地址，但是网络号并不是很多。前面学习过的IP地址可以提供A类网络126个、B类网络大约1600个、C类网络大约2000000个，所以随着Internet的快速发展，接入Internet的站点越来越多，导致IP地址资源越来越少，为了更好地利用现有的IP地址资源，减少浪费，可以把IP地址进一步划分为更小的网络，即子网划分。为了创建子网，需要将掩码中主机位划分为网络位来使用，这个过程通常被称为借位或租位。

经过子网划分后，IP地址的子网掩码不再是具有标准IP地址的掩码，由此IP地址可以分为两类：有类地址和无类地址。

✓ 有类地址：标准的IP地址（A、B、C三类）属于有类地址。例如：A类地址掩码8位，B类地址掩码16位，C类地址掩码24位，都属于有类地址。

✓ 无类地址：为了更灵活地使用IP地址，需要根据需求对IP地址进行子网划分，使得划分后的IP地址不再具有有类地址的特征，这些地址称为无类地址。

划分子网除了具有充分利用IP资源和便于管理的优点之外，还能够为LAN提供基本的安全性。

通过子网划分可以实现网络的层次性。一些大集团公司的网络层次较复杂，例如集团公司可能由多个行业公司组成，各个行业公司又分为总公司和分公司，总公司内部又分为各个职能部门。这些复杂的层次关系单靠A、B、C这三类地址是很难实现的。

1.2 子网划分应用

1.2.1 C类地址划分

如图1-1所示，现在的IP地址经过一次子网划分后，原来的IP地址由三部分组成，即网络地址部分、子网地址部分和主机地址部分。

可以这样理解：用/26这个掩码来划分C类地址192.168.1.0能得到四个子网，是由于子网位可以有四种变化（00、01、10、11）。于是，可以总结出一个计算子网的公式2^n（n是子网位的位数）。而每个子网的主机数完全取决于主机位。所以根据子网掩码可以计算出子网个数和可用主机数。

例如：某公司采用C类地址192.168.50.0/24，由于工作需要而使用子网掩码/28对其进行划分，划分后的子网数和每个子网中的主机数是多少？

根据子网掩码/28，可以立刻了解到网络位和主机位的分界线在第4个八位中间，如图1-2所示。

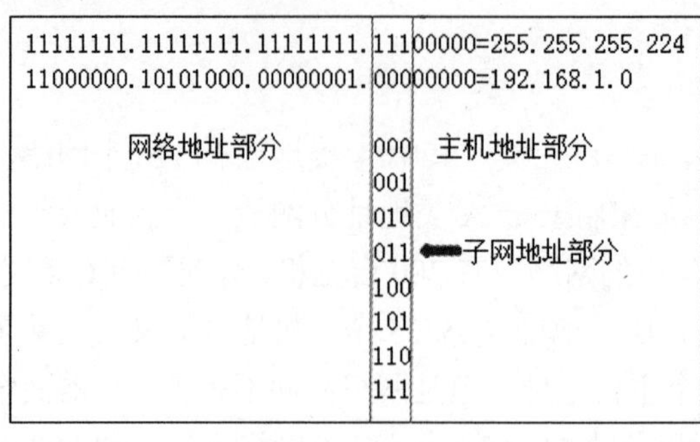

图 1-1 子网位

192.168.50. 0000 0000

子网位 主机位

图 1-2 子网划分实例

子网数取决于子网位，主机数取决于主机位，它们都是四位，那么套用公式 $2^n=2^4=16$，得出子网数为 16。而可用的主机数应该是 16–2=14，因为有两个 IP 地址不能用。

一个有类地址划分子网后的子网数和主机数可以由以下公式来计算。

✓ 子网数=2^n，其中 n 为子网部分位数。

✓ 主机数=$2N-2$，其中 N 为主机部分位数。

/25、/26、/27、/28、/29、/30 对 C 类地址划分子网的情况如表 1-1 所示。

表 1-1 子网掩码及相关参数对应表

子网掩码	子网数	主机数	可用主机数
/25	2	128	126
/26	4	64	62
/27	8	32	30
/28	16	16	14
/29	32	8	6
/30	64	4	2

在实际网络中，往往有这样的需求，例如：某公司共有生产部、销售部、财务部、客服部四个部门，每个部门的主机数最多不超过 50 台。若该公司获得了一个 C 类地址 192.168.100.0/24，应该如何划分子网呢？

为四个部门划分 4 个子网，根据公式 $2^n=4$ 得出 $n=2$，即子网部分位数为 2。

主机部分位数为 8-2=6，则可用的主机数为 $2^6-2=62$，因为每个部门的主机数最多不超过 50 台，所以可以满足要求。

子网划分结果如表 1-2 所示。

表 1-2 子网划分结果（一）

部门	网段	子网掩码	有效主机地址
生产部	192.168.100.0/26	255.255.255.192	62
销售部	192.168.100.64/26	255.255.255.192	62
财务部	192.168.100.128/26	255.255.255.192	62
客服部	192.168.100.192/26	255.255.255.192	62

有时候需要更加灵活地划分子网，即一个网络可以划分为不同的子网。在上面的例子中，如果生产部有主机 50 台，销售部有主机 100 台，财务部有主机 25 台，客服部有主机 12 台，

应该如何划分子网呢？

根据各部门不同的主机数划分子网，划分结果如表 1-3 所示。

表 1-3 子网划分结果（二）

部门	网段	子网掩码	有效主机地址
生产部	192.168.100.0/25	255.255.255.128	126
销售部	192.168.100.128/26	255.255.255.192	62
财务部	192.168.100.192/27	255.255.255.224	30
客服部	192.168.100.224/27	255.255.255.224	30

当一个 IP 网络分配不止一个子网掩码时，就需要使用可变长子网掩码（VLSM，Variable-Length Subnet Masks），VLSM 允许把子网继续划分为子网。上述网络就使用了 VLSM。

1.2.2 B 类地址划分

A、B 类地址的子网划分和 C 类地址相似，只是划分子网在不同的八个比特位。例如 172.16.0.0/17 表示子网掩码为 255.255.128.0，类比 C 类地址划分情况，可知子网部分为一位，即将此 B 类地址划分为两个网段，子网号为 172.16.0.0（与 B 类地址网络地址相同），广播地址为 172.16.127.255，可用主机地址为 $2^{15}-2$ 个。

1.3 子网划分实例

下面从实际的角度出发，用一个公司的实例来讲解子网划分。某公司有五个部门：生产部、销售部、财务部、研发部、客服部以及服务器区，如表 1-4 所示显示了各个部门的计算机数量。由于该公司属于一个集团公司，需要按照整个集团公司的 IP 设计，将 10.10.10.0/24 这个网段分配给该公司。问如何通过子网划分来满足各部门的需求呢？

表 1-4 各部门的计算机数量

楼层	部门	机器数
一层	生产部	45
二层	研发部	45
三层	销售部	25
四层	服务器区	6
	财务部	25
五层	客服部	25

本案例中生产部和研发部的主机数最多，同是 45 台（$2^5-2<45<2^6-2$）。所以，这两个子网地址的主机位至少是 6，选用/26 的掩码可以满足需求，即将 10.10.10.0/26 和 10.10.10.64/26 地址分配给生产部和研发部。

剩下的地址段为 10.10.10.128/26 和 10.10.10.192/26，使用 VLSM 继续划分子网，销售部、财务部和客服部这三个部门主机数都是 25（$2^4-2<25<2^5-2$），所以，这三个子网的主机位至少是 5，选用/27 的掩码可以满足需求，即将 10.10.10.128/27、10.10.10.160/27 和 10.10.10.192/27

这三个子网段分别分给销售部、财务部、客服部。

剩下的地址段为 10.10.10.224/27，继续划分子网，服务器区共有六台服务器（$2^3-2=6<2^4-2$），这个子网的主机位至少是 3，即掩码为/29。如果使用/29 为掩码则有效的主机地址为 6 个，正好与服务器台数相同，这样既没有网关地址又不能满足扩展性的要求，所以此子网选择使用/28 的掩码，这样就可以满足需求，即将 10.10.10.224/28 这个子网段分配给服务器区。

剩下的地址段为 10.10.10.240/28，继续为互联地址和管理地址划分子网。设备互联地址只需要两个有效地址即可，所以使用/30 的掩码就可以满足要求，所以分配 10.10.10.252/30 作为路由器和交换机的互联地址。每个设备需要分配一个管理地址以方便管理。交换机共四台（$2^2-2<4<2^3-2$），这个子网的主机位至少是 3，选用/29 的掩码可以满足需求，即将 10.10.10.240/29 这三个自网段分给交换机的管理地址。

路由器的管理地址配置在 Loopback 接口，一般使用/32 掩码，现在 10.10.10.0/24 网段还剩四个 IP 地址 10.10.10.248～10.10.10.251 可以任意使用，本案例使用 10.10.10.248/32 作为路由器的管理地址。由于网段间需要相互通信，所以每个网段需要使用一个有效的主机地址作为网关。该公司的整体规划如表 1-5 所示。由于网段间需要相互通信，所以每个网段需要使用一个有效的主机地址作为网关。

表 1-5 IP 地址规划

楼层	部门	主机数	IP 地址	掩码
一层	生产部	45	10.10.10.1～10.10.10.45,10.10.10.62 为网关	/26
二层	研发部	45	10.10.10.65～10.10.10.110,10.10.10.126 为网关	/26
三层	销售部	25	10.10.10.129～10.10.10.153,10.10.10.158 为网关	/27
四层	服务器区	6	10.10.10.225～10.10.10.230,10.10.10.238 为网关	/28
	财务部	25	10.10.10.161～10.10.10.185,10.10.10.190 为网关	/27
五层	客服部	25	10.10.10.193～10.10.10.217,10.10.10.222 为网关	/27
机房	互联地址	2	10.10.10.253～10.10.10.254	/30
	交换机管理地址	4	10.10.10.241～10.10.10.244	/29
	路由器管理地址	1	10.10.10.248	/32

1.4 实验案例

某公司全部电脑都在一个 C 类 IP 地址段，由于业务发展需要，需要增加 80 台电脑，电脑总数超过 300 台，一个 C 类地址已不能满足需要，考虑分配一个 B 类地址又造成 IP 地址的浪费。各部门拥有不同数量的电脑，IP 地址的规划既要够用不浪费，又要有预留可扩展，还要使 IP 地址具有实际意义，看到 IP 地址就知道此地址是哪个部门的，一旦网络出现问题，可以通过 IP 地址快速确定位置。

实验 1：不变长子网划分

公司使用 192.168.0.0/24 网段，但是公司下属有四个部门，并且每个部门拥有不同的主机数，分别是财务部有 20 台主机、综合部有 16 台主机、销售部有 62 台主机、生产部有 46

台主机，请将192.168.0.0/24网段分为四个子网网段，以适应公司这四个部门的需要。

推荐步骤：

- 主机数最多的是销售部，共有62台，通过公式$2^n-2>=62$计算出n的值为6。
- n的数值代表主机部分的位数，由此可知道借位的位数$N=8-n=2$。
- 借位N个可划分出2^N个子网，这些子网以此划分给四个部门。
- 列出表格显示出每个部门的IP地址范围。

实验2：可变长子网划分

公司使用192.168.0.0/24网段，但是公司下属有四个部门，并且每个部门拥有不同的主机数，分别是财务部有20台主机、综合部有16台主机、销售部有65台主机、生产部有46台主机，请将192.168.0.0/24网段分为四个子网网段，以适应公司这四个部门的需要。

推荐步骤：

- 找到主机数最多的销售部，共有62台，通过公式$2^n-2>=65$计算出$n=7$。
- n的数值代表主机部分的位数，由此可知道借位的位数$N=8-n=1$。
- 借位1个可划分出2个子网，第一个子网给销售部，第二个子网给其他三个部门。
- 给主机数第二多的生产部划分子网。
- 给剩下两个部门划分子网。

✧ 思考题

- 使用/28的掩码对C类地址进行子网划分，可用的主机数是多少？
- 公司需要划分一个C类地址，公司要求将网络分为六个子网，每个子网有25台主机，适合该公司的子网掩码是什么？
- 子网掩码/20用点分十进制表示是多少？
- 借用4位可创建多少个子网？
- 将大型网络划分成多个子网有哪些优点？
- 对网络10.20.20.0/24进行子网划分，借用了4个主机位，每个子网有多少主机地址？

第 2 章

网络综合布线系统

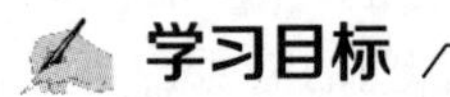

学习目标

- 了解综合布线相关常识;
- 了解综合布线设计;
- 掌握布设办公区网络;
- 掌握网络布线测试与验收。

2.1 综合布线系统

要设计、实施和验收一个综合布线系统，首先需要知道什么是综合布线系统，包含哪些主要内容。本节主要介绍综合布线系统的整体概念。

2.1.1 综合布线系统概述

综合布线系统是智能化办公室建设、数字化信息系统建设的基础设施；是将所有语音、数据等系统进行统一的规划设计的布线系统。它为办公提供信息化、智能化的物理介质，支持将语音、数据、图文、多媒体等综合应用。

综合布线由不同系列和规格的部件组成，其中包括：传输介质、相关连接硬件（如配线架、连接器、插座、插头、适配器），以及电气保护设备等。这些部件可用来构建各种子系统，它们都有各自的具体用途，以满足不同用户、不同系统的需求。综合布线系统的特点如下。

（1）实用性：布线系统能够适应现代和未来通信技术的发展，实现语音、数据通信等信号的统一传输。

（2）灵活性：布线系统能满足各种应用的要求，即任意一个信息点能够连接不同类型的终端设备，如电话、计算机、打印机、电脑终端、传真机、各种传感器件以及图像监控器设备等。

（3）模块化：综合布线系统中除去固定于建筑物内的水平缆线外，其余所有的接插件都是标准件，可互连所有语音、数据、图像、网络和楼宇自动化设备，以方便使用、搬迁、更改、扩容和管理。

（4）扩展性：综合布线系统是可扩充的，以便将来有更大的用途时，很容易将新设备扩充进去。

（5）经济性：采用综合布线系统后可以使管理人员减少，同时，因为模块化的结构，使工作难度减小，大大降低了日后因更改或搬迁系统时的费用。

（6）通用性：对符合国际通信标准的各种计算机和网络拓扑结构均能适应，对不同传递速度的通信要求也均能适应，可以支持和容纳多种计算机网络的运行。

2.1.2　综合布线系统结构

综合布线系统结构一般采用模块化设计和分层星形拓扑结构，它的系统结构包括六个独立的子系统，分别为工作区子系统、水平子系统、管理子系统、垂直子系统、建筑群子系统、设备间子系统。

综合布线系统由不同规格和部件组成，有传输介质、连接硬件、插头、插座、连接器、转换器等。它们不仅易于实现，而且可以平稳地进行升级。

综合布线系统结构如图 2-1 所示。

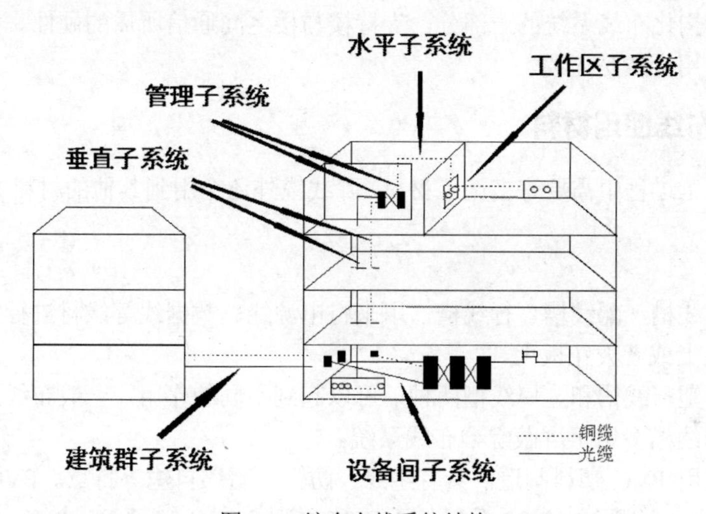

图 2-1　综合布线系统结构

1．工作区子系统

工作区子系统又叫服务区子系统，是由 RJ-45 跳线与信息插座所连接的设备如终端或工作站等，其中信息插座有地面型、墙上型、桌上型等多种类型。工作区子系统所使用的连接器必须具备标准的接口，此接口能接收楼宇自动化系统所有低压信号和高速数据网信息以及数码声频信号。工作区由信息插座延伸至设备，所以工作区布线要求相对简单。

2．水平子系统

水平子系统又叫水平干线子系统，是从工作区的信息插座开始到管理子系统的配线架。结构一般为星型结构。水平子系统通常由四对非屏蔽双绞线组成，能支持大多数现代化通信设备。如果有磁场干扰时，可使用屏蔽双绞线，在高带宽应用时，可采用光缆。

3．管理子系统

管理子系统由交连、互连配线架组成。管理间是楼层的配线间，管理子系统为其他子系连接提供手段，交连和互连允许将通信线路定位或重定位到建筑物的不同部分，以便能更容易地管理通信线路，使在移动终端设备时更方便地进行插拔。互连配线架根据不同的连接硬件，分为楼层配线架和总配线架，楼层配线架可安装在各楼层的干线接线间，总配线架一般安装在设备机房。

4．垂直子系统

垂直子系统又叫主干线系统，它提供建筑物的主干线，负责连接管理子系统到设备间子系统，是实现计算机设备、交换机、控制中心与各管理子系统之间的连接。该子系统通常是在两个单元之间，特别是在位于中央点的公共系统设备处提供多个线路设施。

5．设备间子系统

设备间子系统又叫设备子系统，主要是由设备间中的电缆、连接器和有关的支撑硬件组成，它把计算机、程控交换机、摄像头、监视器等弱电设备互连起来并连接到主配线架上。设备间子系统是布线系统最主要的管理区域，所有楼层的信息都由电缆或光纤传送至此。

6．建筑群子系统

建筑群子系统又叫园区子系统，是连接各建筑物之间的综合布线缆线、建筑群配线设备和跳线等。建筑群子系统将一个建筑物的电缆延伸到建筑群的另外一些建筑物中的通信设备和装置上，是结构化布线系统的一部分，支持楼与楼之间通信所需的硬件。它由电缆、光缆等硬件组成，常用介质是光缆。

2.1.3 综合布线使用材料

综合布线施工过程中需要许多施工材料，除线缆外还会用到其他的材料如线槽、走线架、配线架。

1．线槽

线槽又名走线槽、配线槽、行线槽，用来将电源线、数据线等线材进行规范的整理，并固定在墙上、地上或者天花板上。

线槽一般有塑料线槽和金属线槽两种，可以起到不同的作用，一般布线系统使用塑料线槽比较多，金属线槽多用于屏蔽综合布线系统。

塑料线槽采用 PVC 塑料制造，具有绝缘、防弧、阻燃自熄等特点。PVC 线槽的品种规格很多，从型号上可分为 PVC-20 系列、PVC-25 系列、PVC-30 系列、PVC-40 系列，从规格上可分为 20mm×12mm、25mm×12.5mm、30mm×15mm、40mm×20mm 等。塑料线槽外形如图 2-2 所示。

图 2-2 PVC 塑料线槽外形

2．桥架

桥架又叫走线架，是支撑和放电缆的支架。它与线槽的功能有些类似，主要用于布线系统中各类线缆的铺设。桥架分为槽式、托盘式和梯架式、网格式等结构，由支架、托臂和安装附件等组成。选型时应注意桥架的所有零部件是否符合系列化、通用化、标准化的成套要求。桥架承重好，可直接承载电缆，而线槽多用于承载电线，当需要铺设的电线较多时，可用桥架承载多个线槽，架设于吊顶之上。桥架外形如图2-3所示。

图2-3　桥架外形

2.2　办公室网络布线

2.2.1　需求分析

办公室布线作为布线系统水平子系统的一部分，无论各单位的办公应用如何变化，办公室综合布线需要满足电话语音系统和计算机网络系统的要求。利用电话交换机，将企业与外界有效地联系起来，同时方便内部通话。对计算机网络综合布线采用星型拓扑结构，能支持现在及今后的网络应用。

1．办公室信息点数量及其位置

办公室内有六个工位，每个位置上有一台计算机和一部电话，将六台计算机和六部电话通过线缆连接到配线间。

2．办公室布线筹划

办公室布线需要满足各种不同模拟或数字信号的传输需求，将所有的语言、数据、图像、监控设备的布线组合在一套标准的布线系统上，设备与信息出口之间只需一根标准的连接线，通过标准的接口把它们接通即可。

2.2.2　施工材料估算

网络管理员将办公室六名员工工位线缆布好，需要了解信息模块、水晶头、线槽及双绞线的使用量，并最终核算大概需要多少钱可以完成这项任务。

1．信息模块和水晶头数量统计

信息模块分为网络模块和语音模块，对应数量和工位数量相同。分别需要六个网络模块和六个语音模块。通常情况下，一个信息点需要四个 RJ45 水晶头和四个 RJ11 水晶头。在实际施工中难免会有损耗，这部分的余量为总量的 10%～15%。因此，RJ45 和 RJ11 水晶头的数量都为 30 个。

2．线槽用量统计

线槽的需求要根据办公室的长宽高来计算其长度，可适当多买一些作为备用。具体要用什么规格的线槽，要看线槽内放多少根双绞线。

3．线缆用量统计

办公室双绞线用量可用公式：

$$C=[0.55\times(L+S)+6]\times n$$

式中 L——本楼层管理间离最远的信息点距离；

S——本楼层管理间离最近的信息点距离；

n——本楼层的信息点总数；

0.55——备用系数；

6——端接容差。

2.2.3 办公室布线实施

1．信息插座的安装

信息插座的安装位置对于办公室环境而言一般会安装于墙上。连接方式分为 568A 和 568B 两种，这两种方式均可采用，在一套综合布线系统方案中只能采取一种方式。信息插座安装需要有如图 2-4 所示的面板、如图 2-5 所示的模块、如图 2-6 所示的底盒。

图 2-4　面板

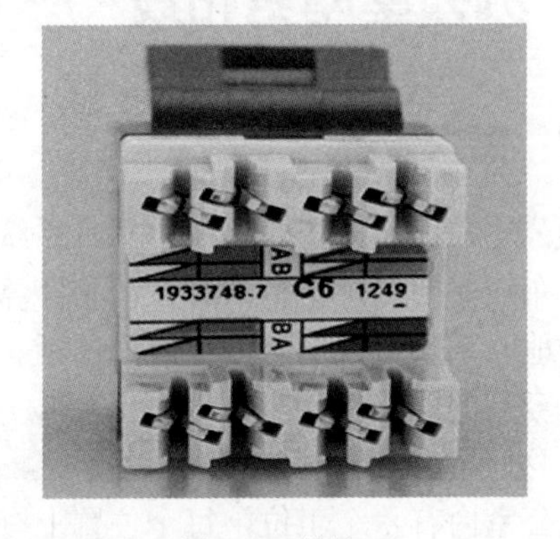

图 2-5　模块

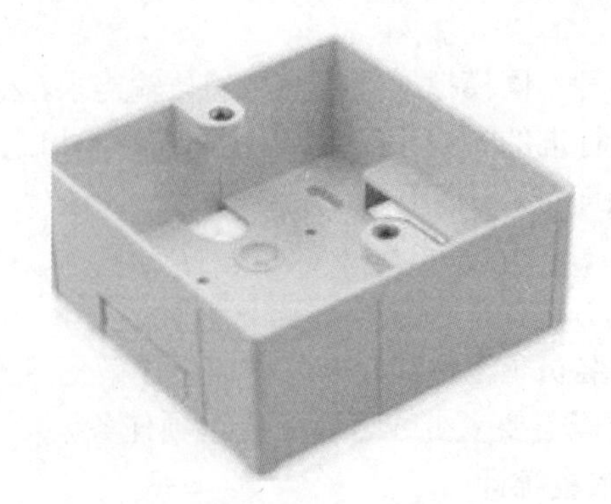

图 2-6　底盒

信息模块分打线模块和免打线模块两种，所有模块的每个端接槽都有 T568A 和 T568B 接线标准的颜色编码，通过编码可以确定双绞线电缆每根线芯的准确位置。安装信息插座具体步骤如下。

① 将双绞线从线槽或线管中通过进线孔拉入到信息插座底盒中，为便于端接、维修和变更，线缆从底盒拉出后预留 15cm 左右后将多余部分剪去。

② 把双绞线的外皮用剥线器剥去 2～3cm，用剪刀把双绞线中的抗拉线剪掉，按照模块上的 T568B 线序分好线对，并放入相应的位置。用准备好的打线工具逐条压入并切断多余的线，打线工具刀要与模块垂直，刀口向外，垂直向下用力，听到“喀”的一声，模块外多余的线会被剪断，重复这一操作，可将 8 条芯线打入相应颜色的模块中。

③ 再检查一次线序，无误后将模块的防尘片沿缺口插入模块，并牢牢固定于信息模块上，一个模块安装完毕。

④ 将冗余线缆盘于底盒中，将信息模块插入信息面板中相应的插槽内，合上面板，紧固螺钉，插入标识，完成安装。

2．布设线缆

① 线缆布放前应核对其规格、路由及位置是否与设计规定相符合。

② 布设的线缆应平直，不得产生扭绞、打圈等现象，不应受到外力挤压和损伤。

③ 在布设前，线缆两端应贴有标签，标明起始和终端位置以及信息点的标号，标签书写应清晰、端正和正确，给标签加上保护措施以防止在布设过程中出现标签的破损。

④ 信号电缆、电源线、双绞线缆、光缆及建筑物内其他弱电线缆应分离布放。

⑤ 布放线缆应有冗余。在二级交接间、设备间，双绞电缆预留长度一般为 3～6m，工作区为 0.3～0.6m，有特殊要求的应按设计要求预留。

3．配线架及网络设备的选用

为便于管理，办公室需要设置配线管理设备。信息点数较多时，可选择 6-12U 的配线机柜置于墙角，使用网络交换机扩展端口，必要时可引入带光纤接口的千兆交换机以适应今后网络改造，数据配线架可选择 6 类或超 5 类 RJ45 插座或插座排，光纤配线架必要时可配置。电话语音系统使用 110 打线式配线架分配并管理，110 打线式配线架也可用于连接数据网络，也可配置电话交换机、语音交换设备扩展功能。

4．连通性测试

局域网布线通常使用网络电缆测试仪进行连通性测试。网络电缆测试仪有专业测试仪和简易测试仪之分，专业测试仪能测试网络的连通性、接线的正误，还可以测试双绞线的阻抗、近端串扰、衰减、回返损耗、长度等参数，但价格昂贵。局域网布线通常使用简易网络测试仪即可，简易网络测试仪进行电缆连通性测试，需要一个人主控测试仪主机，另一个人在网线的另一端协助操作。若测试配线架和信息插座，则需两根匹配跳线引到网络测试仪上。

2.3　学生宿舍楼布线施工设计

综合布线系统一般采用星型拓扑结构，该结构下的子系统都是相对独立的单元，只要改变节点的连接方式，可以使综合布线系统的星型、总线型、环形等结构进行切换。根据用户需求和学生宿舍楼规模的实际情况，满足各信息点到设备间距离在使用非屏蔽双绞线的 100m

内进行有效数据传输。

2.3.1 方案设计

1．工作区子系统

工作区子系统是由学生信息插座到计算机之间的连接线缆。学生宿舍的房间有 4、6、8 人间。每个房间内设置一个电话端口和数据端品，采用交换机分别引至电脑。还要放置相应的电源插座，电信插座和信息插座间距为 0.2m。

2．水平子系统

水平子系统是由楼层配线架到信息插座之间的线缆、信息插座组成的，它将楼层弱电竖井内配线架与每个宿舍内的信息插座相连。要求楼层配线架距宿舍房间最远的信息端口不超过 100m，宿舍楼采用 4 对非屏蔽超 5 类双绞线或 6 类线缆进行走线。楼道内双绞线敷设在金属桥架内，引到宿室内转为金属保护管到信息插座。

3．垂直干线子系统

垂直干线子系统由建筑设备间的主配线架到各楼层配线架之间线缆组成，宿舍内垂直干线多采用超 5 类双绞线或光缆，语音干线采用 3 类线缆。

4．管理间子系统

管理间子系统是对设备间、交换间和工作区的配线设备线缆、信息插座等设施，按一定的模式进行标记和记录，将引至每个宿舍的数据电缆、电话语音电缆、配线设备接点、安装通道给予一定的标志。

5．设备间子系统

设备间子系统是整个建筑物主要布线区。在一栋宿舍楼内选择一个设备间作为进线间，内部设备包含整栋宿舍综合布线用到的路由器、交换机、服务器、主配线架，位置尽量选择楼层中间位置，减少布线的距离。

6．建筑群子系统

建筑群子系统连接多个建筑物之间的综合布线线缆，由建筑群配线设备和跳线等组成。宿舍语音、数据网由校园网引入，引至宿舍楼的线缆数据网主干线采用多模光纤，语音网络干线采用多对 3 类电缆。

2.3.2 管线系统

由于本工程的建筑是新建，没有任何管线，因此综合布线系统还包括管线系统的设计与施工。

① 垂直主干管线。垂直主干管线采用镀锌架（槽式）沿设备间外墙（内走廊）向上和向下敷设，向上用 200×100×1.5 桥架直达六层，布放 4、5、6 层的线缆，向下用 200×100×1.5 桥架到达一层，布放 2、3 层的线缆。

② 水平主干管线。水平主干管线采用立柱吊装镀锌桥架方式，根据线缆的多少分别采用 50×50 的镀锌桥架，在每个房间外用波纹管将线缆引入房间。

③ 房间内墙面 PVC 线槽。电缆引入房间后用 40mm×25mm PVC 线槽将电缆铺设于房间两边，再沿墙面向下敷设至墙面信息插座，由于房间内已铺设强电线路，PVC 线槽交叉通过强电线路时用防蜡管穿过。

④ 已吊装电力线缆管线，安装的桥架与该电力线缆管线相隔的距离必须符合规范。

⑤ 对槽、管大小的选择可以采用以下简易公式：槽（管）截面积=(n×线缆截面积)/[70%×(40%~50%)]，其中，n 表示用户要安装多少条线，槽管截面积是要选择槽管的横截面积，线缆横截面积表示选用的线缆面积，70%表示布线标准规定允许的空间，40%~50%表示浪费的空间。

2.3.3 布线系统产品选型

根据目前网络建设和网络应用的实际情况，校园综合布线系统宜采用万兆主干、千兆汇聚、百兆接入的网络结构。水平布线子系统宜采用 6 类非屏蔽布线系统。采用 6 类布线系统，满足近期百兆网络传输，当系统需要扩充升级、网络传输到桌面要求达到千兆时，用户不必对该布线系统做任何更改，只需引入网络新设备，便可支持千兆以太网的应用，适应未来网络发展的需要。

1．满足功能需求

产品选型根据智能建筑的主体性质、所处地位、使用功能等特点，从用户信息需求、今后的发展及变化情况等考虑，选用合适等级的产品，例如 3 类、5 类、6 类系统产品或光纤系统的配置，包括各种缆线和连接硬件。

2．满足环境需求

产品选型时考虑智能建筑和智能化小区的环境、气候条件和客观影响等特点，从工程实际和用户信息需求考虑，选用合适的产品。如目前和今后有无电磁干扰源存在，是否有向智能小区发展的可能性等，这与是否选用屏蔽系统产品、光纤产品、设备及网络结构的总体设计方案都有关系。

3．选用主流产品

6 类线已逐步成为主流产品，对于个别需要采用的特殊产品，也需要经过有关设计单位的同意。

4．选用同一品牌的产品

由于原材料、生产工艺、检测标准等不同，不同厂商的产品会在阻抗特性等电气指标方面存在较大差异，如果线缆和接插件选用不同厂商的产品，由于链路阻抗不匹配会产生较大的回波损耗，这对高速网络是非常不利的。

5．符合相关标准

选用的产品应符合我国国情和有关技术标准，包括国际标准、国家标准和行业标准。所用的国内外产品均应以国标或行业标准为依据进行检测和鉴定，未经鉴定合格的设备和器材不得在工程中使用。

6．综合考虑性价比

对综合布线系统产品的技术性能应以系统指标来衡量。在产品选型时，所选设备和器材的技术性能指标一般要稍高于系统指标，以保证满足全系统技术性能指标。选用产品的技术性能指标也不宜盲目贪高，否则将增加工程投资成本。

7．售后服务保障

根据近期信息业务和网络结构的需要，系统要预留一定的发展余地。在具体实施中，不宜完全以布线产品厂商允诺保证的产品质量期来决定是否选用，还要考虑综合布线系统的产品尚在不断完善和提高，要求产品厂家能提供升级扩展能力。

2.4 实验案例

某汽车4S店占地面积约2000m^2，由于工作需要访问互联网，员工用计算机还要访问服务器，对此4S店进行布线。图2-7为该4S店建筑平面图，请根据此平面图设计4S的布线图。

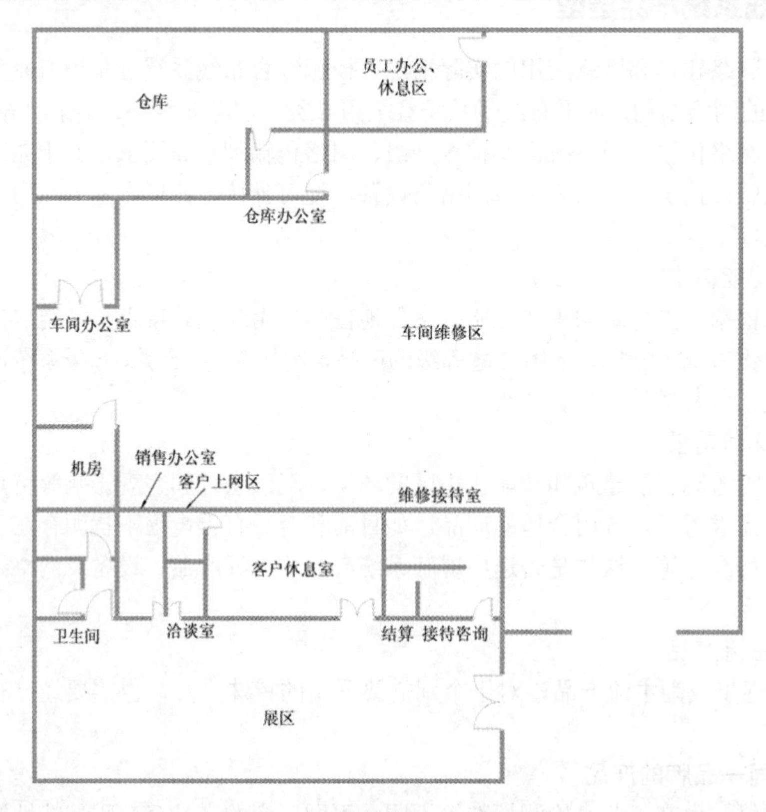

图2-7 某4S店建筑平面设计图

推荐步骤：

- 根据汽车4S店要求设计布线图。
- 车间入口一个信息点，展区4个信息点。
- 维修接待室4个信息点，接待咨询室2个信息点。
- 接待咨询室2个信息点，结算1个信息点。
- 客户休息室2个信息点，销售办公室3个信息点。
- 车间办公室3个信息点，仓库4个信息点。
- 办公区为双口信息模块。

✧ 思考题

- 什么是综合布线系统？
- 请叙述布线的全部过程。
- 网上查找资料，了解DDF、MDF。

虚拟局域网 VLAN 与生成树协议 STP

学习目标

- 了解虚拟局域网；
- 了解生成树协议；
- 掌握 VLAN 的配置；
- 掌握 STP 的配置。

3.1 虚拟局域网 VLAN

虚拟局域网 VLAN 是建立在物理网络基础上的一种逻辑子网，通过虚拟局域网技术，把局域网（LAN）划分成好几个不同的 VLAN，而且使得网络接入不再局限于物理地址上的约束。VLAN 内部可以相互沟通， VLAN 之间不能直接沟通，必须经过特殊设置的路由器才可以。

3.1.1 VLAN 概述

IEEE 于 1999 年颁布了用以标准化 VLAN 实现方案的 802.1Q 协议标准草案。VLAN 技术的出现，使得管理员根据实际应用需求，把同一物理局域网内的不同用户逻辑地划分成不同的广播域，每一个 VLAN 都包含一组有着相同需求的计算机工作站，与物理上形成的局域网有着相同的属性。由于它是从逻辑上划分，而不是从物理上划分，所以同一个 VLAN 内的各个工作站没有限制在同一个物理范围中，即这些工作站可以在不同物理局域网内。由 VLAN 的特点可知，一个 VLAN 内部的广播和单播流量都不会转发到其他 VLAN 中，从而有助于控制流量、减少设备投资、简化网络管理、提高网络的安全性。例如，我们曾经参加过的某些产品发布会之类的大会，演讲者可能演讲的是英语，而听众可能需要听到的语言是英语、汉语或法语等。如何解决呢？我们需要多个演讲者、多个会场，但这不是最好的办法。我们可以使用同声翻译的耳机，大家仍然坐在一个会场中，但是通过耳机听到的是自己需要的语言，那么在这里，通过使用耳机不同的波段，坐在同一个会议厅中的人被分成了多个不同的逻辑的组，类似于 VLAN，而我们前面说的分在多个会场中，就是一种物理分割的方法，类似于不同的部门使用各自的交换机。

分隔广播域可以解决广播风暴，有以下两种方法。

1．物理分隔

使用路由器设备隔离广播，在物理上划分很多个小网络，借助路由器设备实现通信。

2．逻辑分隔

将网络从逻辑上划分成若干个小的虚拟网络，即虚拟局域网 VLAN。一个 VLAN 就是一个交换网络，其中所有用户在同一个广播域中，各个 VLAN 通过路由器实现通信。如图 3-1 所示。

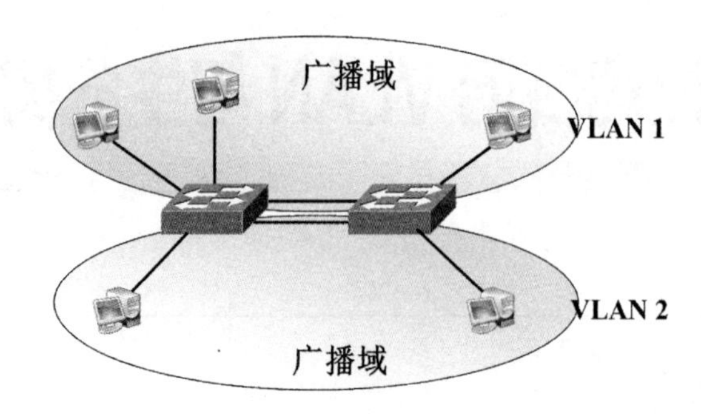

图 3-1　分割广播域

3.1.2　VLAN 的优势

局域网交换机采用 VLAN 技术，可以解决一些实际问题。

1．防止广播风暴

将网络划分为多个 VLAN 可减少参与广播风暴的设备数量。局域网分段可以防止广播风暴扩展到整个网络。使用 VLAN，可以将某个交换端口或某用户放入一个特定的 VLAN 组，该 VLAN 组可以在一个交换网中或跨接多个交换机，在一个 VLAN 中的广播不会送到其他 VLAN 中。同样，相邻的端口不会收到其他 VLAN 产生的广播。这样可以减少广播流量，释放带宽，减少广播。

2．增加网络安全性

不同 VLAN 内的报文在传输时是相互隔离的，即一个 WLAN 内的用户不能和其他 VLAN 内的用户直接通信，如果不同 VLAN 要进行通信，则需要通过路由器或三层交换机等三层设备。

3．灵活构建虚拟工作组

用 VLAN 可以划分不同用户到不同的工作组，同一工作组的用户也不必局限于某一固定的物理范围，网络构建和维护更加方便灵活。

4．增强网络的健壮性

当网络规模增大时，部分网络出现问题往往会影响整个网络，VLAN 可以将一些网络故障限制在一个逻辑子网。

3.1.3　VLAN 的种类

1．静态 VLAN

静态 VLAN 也叫基于端口的 VLAN，是目前最常用的 VLAN 实现方式。静态 VLAN 明确指定交换机的端口属于哪个 VLAN，这需要管理员手动配置。当用户主机连接到交换机端口时，即被分配到了相应的 VLAN 中，如图 3-2 所示。

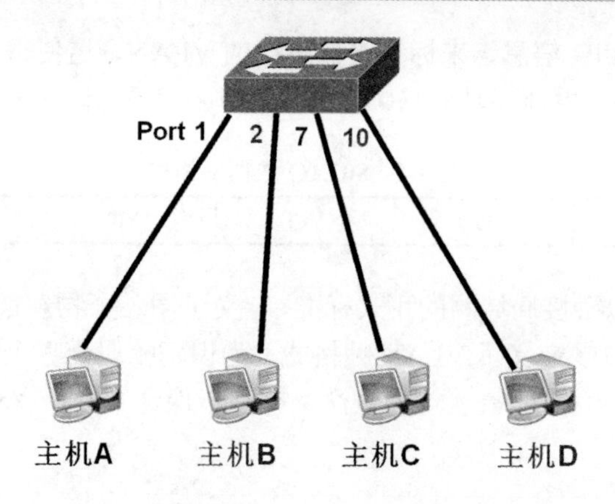

图 3-2　基于端口的 VLAN

2．动态 VLAN

动态 VLAN 的实现方法有很多，目前常用的是基于 MAC 地址的动态 VLAN。基于 MAC 地址的动态 VLAN 是根据主机的 MAC 地址自动将其指派到合适的 VLAN 中。这种 VLAN 划分方法最大的优点是，当用户从一个交换机换到另一个交换机时，不用重新配置 VLAN。但这种方法的缺点是，初始化时要求网络管理员将每个用户都一一划分在某个 VLAN 中，如果有几百个甚至上千用户的话，配置任务量太大，所以此方法不适用于大型局域网。

3.1.4　VLAN Trunk 概述

VLAN Trunk(虚拟局域网中继技术)的作用是让连接在不同交换机上的相同 VLAN 中的主机互通。一般用于交换机与路由器、服务器之间或交换机之间，当一条链路承载多个 VLAN 信息时，需使用 VLAN Trunk 来实现，如图 3-3 所示。Trunk 两端的交换机需采用相同的干道协议，交换机支持的打标封装协议有 IEEE802.1Q 和 ISL 两种。

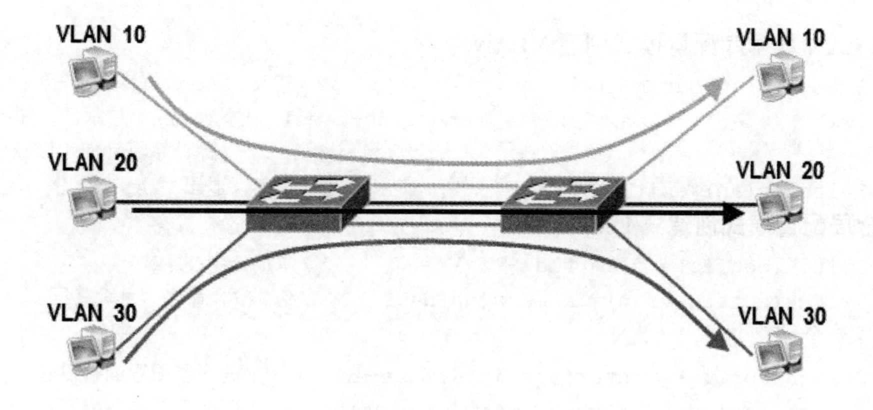

图 3-3　中继链路

1．IEEE802.1Q

IEEE802 委员会定义的 802.1Q 协议，它定义了相同 VLAN 跨交换机通信的规则和正确标识 VLAN 的帧格式。在如表 3-1 所示的 802.1Q 帧格式中，使用 4 字节的标识首部来定义标识 TAG。TAG 中包括 2 字节的 VPID（Vlan Protocol Identifier Vlan 协议标识符）和 2 字节的 VCI（Vlan Control Information Vlan 控制信息）。当数据帧通过交换机的时候，交换机会根据数据帧中的TAG的VID信息，来标识它们所在的VLAN，这使得所有属于该VLAN的数据帧，不管是单播帧、多播帧还是广播帧，都被限制在该逻辑VLAN内传输。

表3-1　802.1Q数据帧格式

目的MAC	源MAC	VPID	VCI	TYPE	DATA	FCS

IEEE802.1Q是虚拟桥接局域网的正式标准，定义了同一个物理链路上承载多个子网的数据流的方法。IEEE 802.1Q定义了VLAN帧格式，为识别帧属于哪个VLAN提供了一个标准的方法。这个格式统一了标识VLAN的方法，有利于保证不同厂家设备配置的VLAN可以互通。

2．ISL

ISL标签能与802.1Q干线执行相同任务，只是所采用的帧格式不同。ISL干线是Cisco私有，它是在原始的数据帧基础上封装上ISL头及新的FCS,没有修改原始的数据帧，因此处理效率比802.1Q高。

ISL主要用于实现交换机、路由器以及各节点之间的连接操作。为支持ISL功能特征，每台连接设备都必须采用ISL配置。ISL所配置的路由器支持VLAN内通信服务。ISL和802.1Q一样，ISL作用于OSI模型第2层。所不同的是，ISL协议头和协议尾封装了整个第2层的以太帧。ISL被认为是一种能在交换机间传送第2层任何类型的帧或上层协议的独立协议。ISL所封装的帧可以是令牌环（Token Ring）或快速以太网（Fast Ethernet），它们在发送端和接收端之间维持不变地实现传送。

3.2　配置VLAN

3.2.1　静态VLAN的配置

1．VLAN数据库配置模式创建VLAN

```
Switch#vlan database                             //进入VLAN数据库模式
Switch(vlan)# vlan vlan-id [name vlan-name] //添加VLAN并命名，如不指定名
                                                 称，系统会使用默认名称
Switch(vlan)#exit                                //保存，退出VLAN
```

2．全局配置模式创建 VLAN

```
Switch(config)# vlan vlan-id                     //添加一个VLAN
Switch(config-vlan)# name vlan-name              //给VLAN命名，此命令可选
```

3．将单个端口加入VLAN

```
Switch(config)# interface interface-id          //进入要配置的端口
Switch(config-if)# switchport mode access       //定义二层端口模式
Switch(config-if)# switchport access vlan vlan-id    //将端口添加到VLAN中
Switch(config-if)# no switchport access vlan vlan-id //将端口从某个VLAN中
                                                       删除
```

4．同时将多个端口加入VLAN

```
Switch(config)# interface range f0/1 -10        //进入要配置的1到10端口
Switch(config-if-range)# switchport  mode  access    //定义二层端口模式
Switch(config-if-range)# switchport access vlan vlan-id //将端口添加到VLAN中
```

5．还原接口为默认配置状态

```
Switch(config)# default interface interface-id
```

6．VLAN 配置实例

SW1 和 SW2 分别创建 3 个 VLAN，分别为 VLAN 1、VLAN 2、VLAN 3；

交换机端口分配：VLAN 1，F0/1～F0/3；VLAN 2，F0/4～F0/10；VLAN 3，F0/11～F0/23。

网络拓扑如图 3-4 所示。

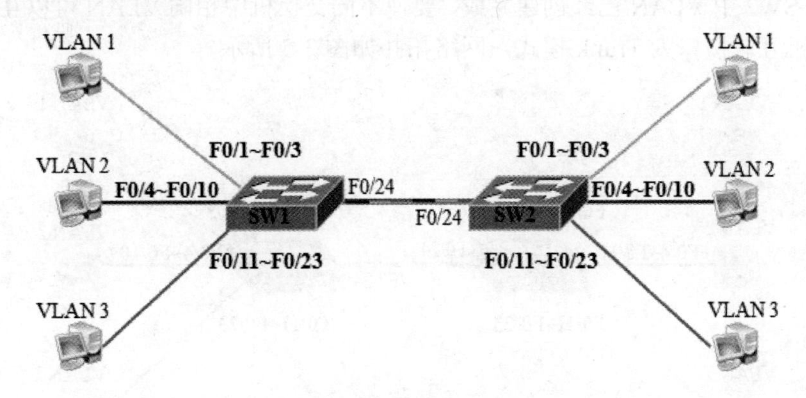

图 3-4　VLAN 网络拓扑

```
Switch(config)#vlan 2
Switch(config)#vlan 3
Switch(config)#interface range f0/1 - 3
Switch(config-if)# switchport  mode  access
Switch(config-if)#switchport access vlan 1
Switch(config)#interface range f0/4 - 10
Switch(config-if)# switchport  mode  access
Switch(config-if)#switchport access vlan 2
Switch(config)#interface range f0/11 - 23
Switch(config-if)# switchport  mode  access
Switch(config-if)#switchport access vlan 3
```

两个交换机配置相同的命令。

3.2.2　Trunk 的配置

1．把接口改成 Trunk 模式

```
Switch>enable          //进入特权模式
Switch#conf  t         //进入配置模式
Switch(config)# interface interface-id      //进入接口模式
Switch(config-if)#switchport trunk encapsulation { isl | dot1q | negotiate }
                                                           //选择封装类型
Switch(config-if)#switchport mode  { dynamic  |  trunk  |  access }
                                                    //将接口模式改为 Trunk
Switch(config-if)#switchport trunk allowed vlan remove vlan-id
                              //禁止 Trunk 传送某个 VLAN 的数据，删除这个 VLAN
Switch(config-if)#switchport trunk allowed vlan add vlan-id
                              //允许 Trunk 传送某个 VLAN 的数据，添加这个 VLAN
Switch(config-if-range)#end      //直接退到特权模式
```

2．查看接口信息

```
Switch#show vlan                                //查看vlan信息
Switch#show int trunk                           //查看交换机上的trunk接口信息
Switch#sh interfaces trunk                      //查看trunk接口封装
Switch#show interfaces f0/1 switchport          //查看交换机接口的二层信息
```

3．Trunk 配置实例

SW1 和 SW2 中 VLAN 已经创建完成，要使不同交换机中相同 VLAN 可以互相访问，需要配置交换机互联接口为 Trunk 模式，网络拓扑如图 3-5 所示。

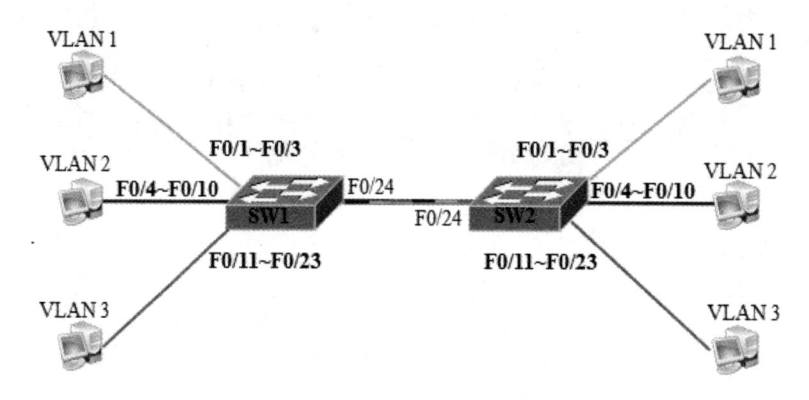

图 3-5 Trunk 网络拓扑

```
Switch(config)#int f0/24
Switch(config-if)# switchport trunk encapsulation dot1q
Switch(config-if)# switchport mode trunk
```

两个交换机配置相同的命令，并查看交换机端口模式和状态。

```
SW1#show interface f0/24 switchport
Name: Fa0/24
Switchport: Enabled
Administrative Mode: trunk
Operational Mode: trunk
Administrative Trunking Encapsulation: dot1q
Operational Trunking Encapsulation: dot1q
Negotiation of Trunking: On
Access Mode VLAN: 1 (default)
Trunking Native Mode VLAN: 1 (default)
Voice VLAN: none
Administrative private-vlan host-association: none
Administrative private-vlan mapping: none
Operational private-vlan: none
Trunking VLANs Enabled: ALL
Pruning VLANs Enabled: 2-1001
Capture Mode Disabled
Capture VLANs Allowed: ALL
```

其中 Administrative Mode: trunk 为接口模式配置为 Trunk；Operational Mode: trunk 为接口工作模式为 Trunk；Operational Trunking Encapsulation: dot1q 为 Trunk 协议类型为 802.1q；Trunking VLANs Enabled: ALL：Trunk 可以承载所有的 VLAN。

3.3 生成树协议STP

STP（Spanning Tree Protocol）是生成树协议的英文缩写。环状的物理链路能够为网络提供备份线路，增强网络的可靠性，这在网络设计中是必要的，因此，这就需要一种解决方法，一方面保证网络的可靠性，另一方面还要防止广播风暴的产生。STP协议就是用来解决这个问题的。STP协议并不是断掉物理环路，而是在逻辑上断开环路，防止广播风暴的产生。该协议可应用于在网络中建立树形拓扑，消除网络中的环路，并且可以通过一定的方法实现路径冗余，但不是一定可以实现路径冗余。生成树协议适合所有厂商的网络设备，在配置上和体现功能强度上有所差别，但是在原理和应用效果是一致的。

3.3.1 STP简介

STP是一个二层管理协议。在一个扩展的局域网中参与STP的所有交换机之间通过交换桥协议数据单元BPDU（Bridge Protocol Data Unit）来实现；为稳定地生成树拓扑结构选择一个根桥；为每个交换网段选择一台指定交换机；将冗余路径上的交换机设置为blocking，来消除网络中的环路。其网络拓扑如图3-6所示。

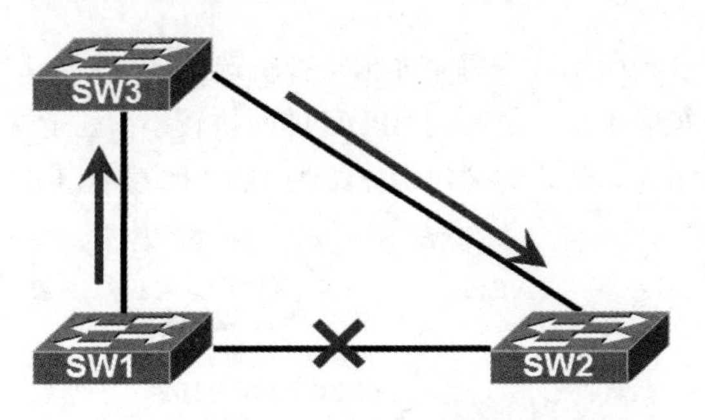

图3-6　STP网络拓扑

1．生成树协议的主要功能

生成树协议的主要功能有两个：一是在利用生成树算法、在以太网络中，创建一个以某台交换机的某个端口为根的生成树，避免环路；二是在以太网络拓扑发生变化时，通过生成树协议达到收敛保护的目的。

2．生成树协议的特点

生成树协议设想为一个各网络设备用于进行优化和容错发送数据的过程的树型结构。生成树协议（Spanning Tree Protocol）定义在IEEE 802.1D中，是一种链路管理协议，它为网络提供路径冗余同时防止产生环路。为使以太网更好地工作，两个电脑之间只能有一条活动路径。网络环路的发生有多种原因，最常见的一种是有意生成的冗余，网络中某个链路或交换机失败，会有另一个链路或交换机替代。

3.3.2 生成树算法

生成树协议运行生成树算法，生成树算法很复杂，但其过程可以归纳为以下4个步骤。

1．选择根网桥

根据网桥ID选择根网桥，如图3-7所示，选择根网桥的依据是网桥ID，网桥ID由网桥优先级和网桥 MAC 地址组成。网桥的默认优先级是 32768。使用 show mac-address-table 时，显示在最前面的 MAC 地址就是计算时所使用的 MAC 地址。网桥 ID 值小的为根网桥，先看优先级，优先级小的为根网桥；当优先级相同时，MAC 地址小的为根网桥。

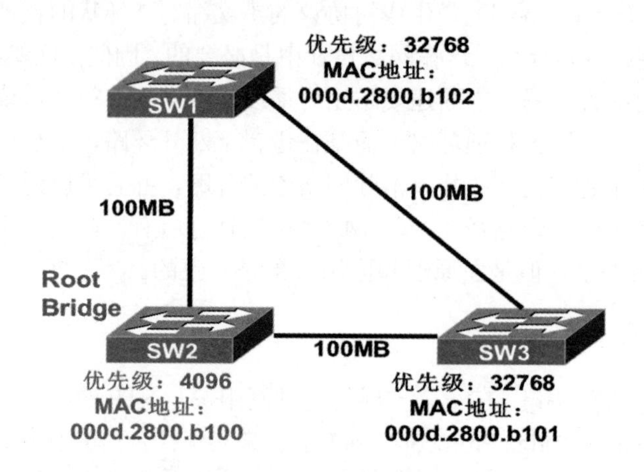

图 3-7　选择根网桥

2．选择根端口

选择根端口，如图 3-8 所示，为每个非根交换机选择一个根端口。选择顺序依次为：一是到根网桥最低的根路径成本；二是发送 BPDU 的网桥较小；三是端口 ID 较小。端口 ID 由端口优先级与端口编号组成。默认的端口优先级为 128。比较端口 ID 值时，比较的是按收到的对端的端口 ID 值。

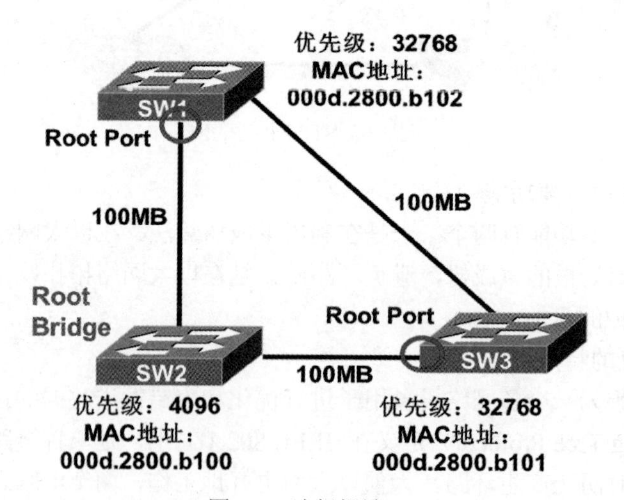

图 3-8　选择根端口

3．选择指定端口

指定端口为每个网段上选择一个指定端口。如图 3-9 所示，选择顺序依次为：一是根路径成本较低；二是发送 BPDU 的交换机的网桥 ID 值较小；三是本端口的 ID 值较小。根网桥的接口皆为指定端口，因为根网桥上端口的根路径成本为 0。比较端口 ID 值时，比较的是自身的端口 ID 值。

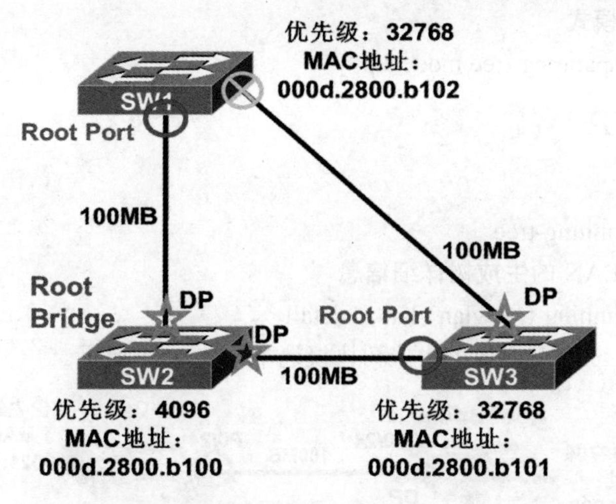

图3-9　选择指定端口

4．最终形成逻辑结构无环拓扑

通过运行STP协议，选取根网桥、根端口、指定端口；剩余为阻塞端口，最终形成逻辑结构无环拓扑，如图3-10所示。

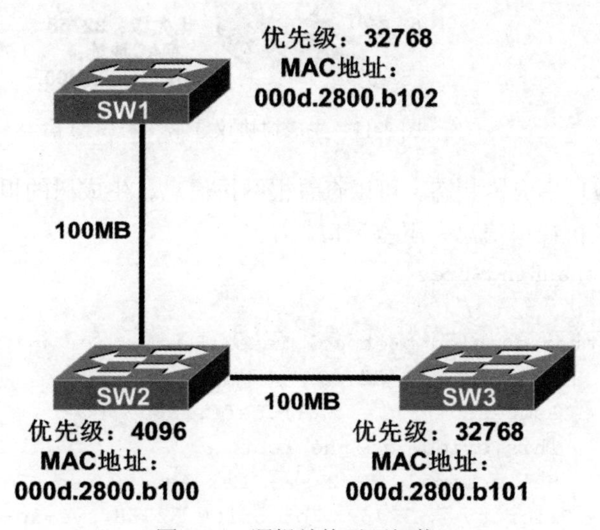

图3-10　逻辑结构无环拓扑

3.4　应用STP

3.4.1　配置STP

1．进入全局模式

Switch#configure terminal

2．开启生成树协议

Switch(config)#spanning-tree

3．配置生成树模式

Switch(config)#spanning-tree mode stp

3.4.2 验证 STP

1．验证命令

Switch#show spanning-tree

2．查看某个 VLAN 的生成树详细信息

Switch#show spanning-tree vlan vlan-id detail

通过配置 STP，三台交换机的生成树协议选举如图 3-11 所示。

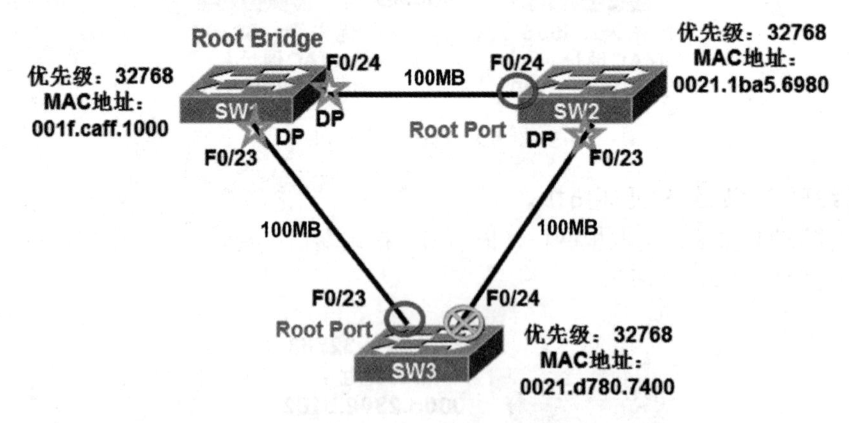

图 3-11　生成树协议选举

用命令查看 SW1 生成树状态。可以查看根网桥信息、生成树的根、本地交换机信息、指定端口、本地交换机接口信息、阻塞端口。

```
SW1#show spanning-tree
VLAN0001
Spanning tree enabled protocol ieee
Root ID    Priority      32769
            Address         001f.caff.1000
            This bridge is the root
            Hello Time      2 sec  Max Age 20 sec  Forward Delay 15 sec
Bridge ID  Priority    32769  (priority 32768 sys-id-ext 1)
            Address      001f.caff.1000
            Hello Time     2 sec  Max Age 20 sec  Forward Delay 15 sec
            Aging Time 300
Interface        Role Sts Cost      Prio.Nbr Type
--------------------------------------------------------------
Fa0/23            Desg FWD 19          128.25   P2p
Fa0/24            Desg FWD 19          128.26   P2p
```

用命令查看 SW2 生成树状态。可以查看根网桥信息、生成树的根、本地交换机信息、指定端口、本地交换机接口信息、阻塞端口。

```
SW2#show spanning-tree
VLAN0001
Spanning tree enabled protocol ieee
```

```
Root ID    Priority   32769
             Address      001f.caff.1000
             Cost         19
             Port         26 (FastEthernet0/24)
             Hello Time    2 sec  Max Age 20 sec  Forward Delay 15 sec
Bridge ID  Priority   32769  (priority 32768 sys-id-ext 1)
           Address      0021.1ba5.6980
           Hello Time    2 sec  Max Age 20 sec  Forward Delay 15 sec
           Aging Time 300
Interface      Role Sts Cost       Prio.Nbr Type
--------------------------------------------------------------------
Fa0/23          Desg FWD 19             128.25    P2p
Fa0/24          Root FWD 19             128.26    P2p
```

用命令查看 SW3 生成树状态。可以查看根网桥信息、生成树的根、本地交换机信息、指定端口、本地交换机接口信息、阻塞端口。

```
SW3#show spanning-tree
VLAN0001
Spanning tree enabled protocol ieee
Root ID    Priority   32769
             Address      001f.caff.1000
             Cost         19
             Port         23 (FastEthernet0/23)
             Hello Time    2 sec  Max Age 20 sec  Forward Delay 15 sec
Bridge ID  Priority   32769  (priority 32768 sys-id-ext 1)
             Address      0021.d780.7400
             Hello Time    2 sec  Max Age 20 sec  Forward Delay 15 sec
             Aging Time 300

Interface       Role Sts Cost       Prio.Nbr Type
--------------------------------------------------------------------
Fa0/23            Root FWD 19             128.23    P2p
Fa0/24            Altn  BLK 19            128.24    P2p
```

3.4.3 RSTP

快速生成树协议（Rapid Spanning Tree Protocol）是由 802.1d 发展而成 802.1w，这种协议在网络结构发生变化时，能更快地收敛网络。它比 802.1d 多了两种端口类型，分别是预备端口类型和备份端口类型。

1. 技术原理

RSTP 是从 STP 发展过来的，其实现基本思想一致，但它更进一步地处理了网络临时失去连通性的问题。RSTP 规定在某些情况下，处于 Blocking 状态的端口不必经历 2 倍的 Forward Delay 时延而可以直接进入转发状态。如网络边缘端口（即直接与终端相连的端口），可以直接进入转发状态，不需要任何时延。或者是网桥旧的根端口已经进入 Blocking 状态，并且新的根端口所连接的对端网桥的指定端口仍处于 Forwarding 状态，那么新的根端口可以立即进入 Forwarding 状态。即使是非边缘的指定端口，也可以通过与相连的网桥进行一次握手，等待对端网桥的赞同报文而快速进入 Forwarding 状态。当然，这有可能导致进一步的握手，但握手次数会受到网络直径的限制。

2．端口状态

STP 定义了 5 种不同的端口状态，关闭（Disable）、监听（Listening）、学习（Learning）、阻断（Blocking）和转发（Forwarding），其端口状态表现为在网络拓扑中端口状态混合（阻断或转发），在拓扑中的角色（根端口、指定端口等）。在操作上看，阻断状态和监听状态没有区别，都是丢弃数据帧而且不学习 MAC 地址，在转发状态下，无法知道该端口是根端口还是指定端口。

在 RSTP 中只有三种端口状态，关闭(disable)、学习（Learning）和转发（Forwarding）。802.1D 中的禁止端口、监听端口、阻塞端口在 802.1W 中统一合并为禁止端口。

RSTP 根据端口在活动拓扑中的作用，定义了 5 种端口角色（STP 只有 3 种角色）：禁用端口（Disabled Port）、根端口（Root Port）、指定端口（Designated Port）、为支持 RSTP 的快速特性规定的替代端口（Alternate Port）和备份端口（Backup Port）。

3．配置 RSTP

```
Switch(config)#spanning-tree mode rstp
```

3.4.4 MSTP

多生成树（MST）使用修正的快速生成树（RSTP）协议，叫做多生成树协议（MSTP）。

1．技术原理

MSTP 技术可以认为是 STP 和 RSTP 技术的升级版本，除了保留低级版本的特性外，MSTP 考虑到网络中 VLAN 技术的使用，引入了实例和域的概念。实例为 VLAN 的组合，这样可以针对一个或多个 VLAN 进行生成树运算，从而不会阻断网络中应保留的链路，同时也可以让各个实例的数据经由不同路径得以转发，实现网络中的负载分担。

2．配置 MSTP

```
Switch(config)#spanning-tree mode mstp
```

3.4.5 STP 与 VLAN 的关系

1．STP 与 VLAN 的关系

STP 与 VLAN 的关系主要有下面几种：

✓ IEEE 通用生成树（CST）。

✓ Cisco 的每 VLAN 生成树（PVST）。

✓ Cisco 的能兼容 CST 的 PVST（PVST+）。

✓ IEEE 的 MST（Multiple Spanning Tree，多生成树）。

CST 不考虑 VLAN，以交换机为单位运行 STP（整个网络中生成一个 STP 实例），实际上，CST 运行在 VLAN1 上，也就是默认的 VLAN 上。当 STP 选举后，有的端口被阻塞，可能就造成有的 VLAN 不能通信。

PVST 是 Cisco 的私有协议，PVST 为每一个 VLAN 创建一个 STP 实例。PVST 为每一个 VLAN 运行一个 STP 实例，能优化根网桥的位置，能为 VLAN 提供最优的路径。

但是 PVST 也不是完美的，缺点如下：

（1）为了维护每一个 STP，需要占用更多的 CPU 资源；

（2）为了支持各个 VLAN 的 BPDU 报文，需要占用更多的 Trunk 带宽；

（3）PVST 与 CST 不兼容，使得运行 PVST 的 Cisco 交换机不能与其他厂商的交换机协同工作。

Cisco 为了解决与其他交换机协同工作的问题，开发了 PVST+。Cisco 的交换机默认使用 PVST+，PVST+允许 CST 的信息传给 PVST，以便让 Cisco 的交换机能通其他厂商的交换机协同工作。

2．配置 PVST+

配置网络中比较稳定的交换机为根网桥，利用 PVST+实现网络的负载分担。

```
Switch(config)#spanning-tree vlan vlan-list    //启用生成树命令
Switch(config)#spanning-tree vlan vlan-list priority Bridge-priority
                                                        //指定根网桥
Switch(config)#spanning-tree vlan vlan-list root { primary | secondary }
                                                        //指定根网桥
Switch(config-if)#spanning-tree vlan vlan-list cost cost  //修改端口成本
Switch(config-if)#spanning-tree vlan vlan-list port-priority priority
                                                        //修改端口优先级
Switch(config-if)#spanning-tree portfast        //配置速端口
```

三台交换机相连，如图 3-12 所示，配置 PVST+负载均衡，SW1 成为 VLAN 1 的根网桥，SW2 成为 VLAN 2 的根网桥，SW3 上配置速端口（F0/1～F0/10）。具体配置如下所示。

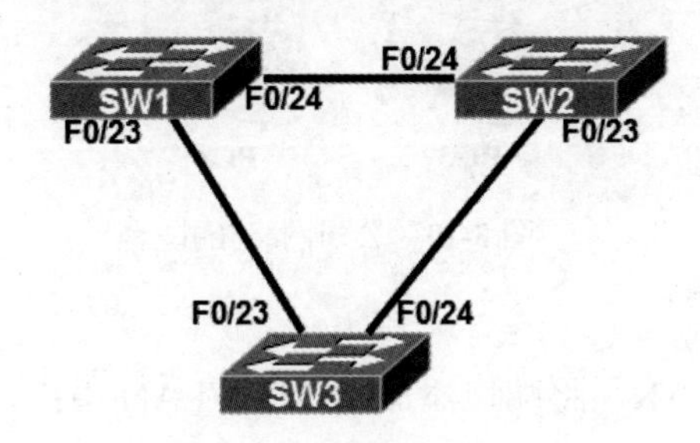

图 3-12 配置 PVST+拓扑图

```
SW1(config)vlan 2
SW1(config) interface range f0/23 - 24
SW1 (config-if)# switchport trunk encapsulation dot1q
SW1(config-if)# switchport mode trunk
SW1(config)# spanning-tree vlan 1 root primary
SW1(config)# spanning-tree vlan 2 root secondary
SW2(config)vlan 2
SW2(config) interface range f0/23 - 24
SW2 (config-if)# switchport trunk encapsulation dot1q
SW2(config-if)# switchport mode trunk
SW2(config)# spanning-tree vlan 2 root primary
SW2(config)# spanning-tree vlan 1 root secondary
SW3(config) vlan 2
SW3(config) interface range f0/23 - 24
SW3 (config-if)# switchport trunk encapsulation dot1q
SW3(config-if)# switchport mode trunk
```

```
SW3(config)# interface range f0/1 -10
SW3(config-if)#spanning-tree portfast
```

3.5 实验案例

某公司为提高网络的安全性，提高运行效率和可管理性，欲采用虚拟局域网技术。基于交换机的虚拟局域网能够解决局域网冲突域、广播域、带宽问题。为了解决公司办公网络的单点故障，需要对交换机进行冗余设置，但是引入冗余又会产生网络环路，网络环路会带来广播风暴、多重复数据帧、MAC 地址表不稳定等因素，需要用生成树协议解决这些问题。

实验 1：配置 VLAN 和 TRUNK

公司网络拓扑如图 3-13 所示，现有网络环境导致广播较多，网络速度慢；各部门间可以互访，存在一定安全问题。公司希望按照部门划分网络，保证网络安全性。

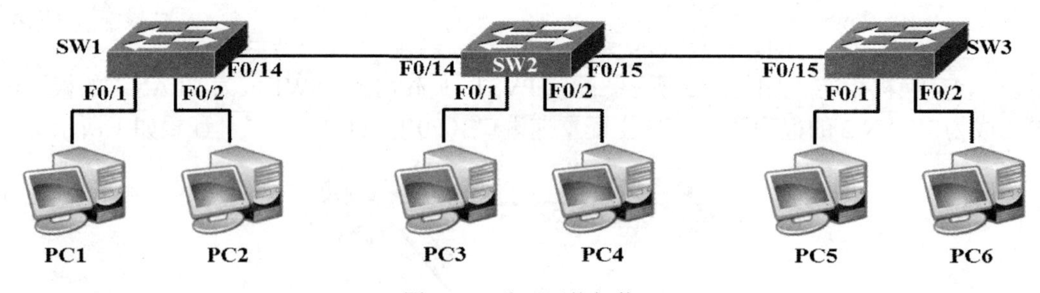

图 3-13　公司网络拓扑

推荐步骤：

- 在交换机上划分 VLAN，将端口添加到相应 VLAN 中；
- 配置交换机 IP 地址；
- 验证访问是否正常。

实验 2：配置 VLAN 负载均衡

按图 3-14 所示的拓扑结构连接网络，配置 PVST+负载均衡，线链路均为 100MB 链路，其中的交换机设备都为默认配置。

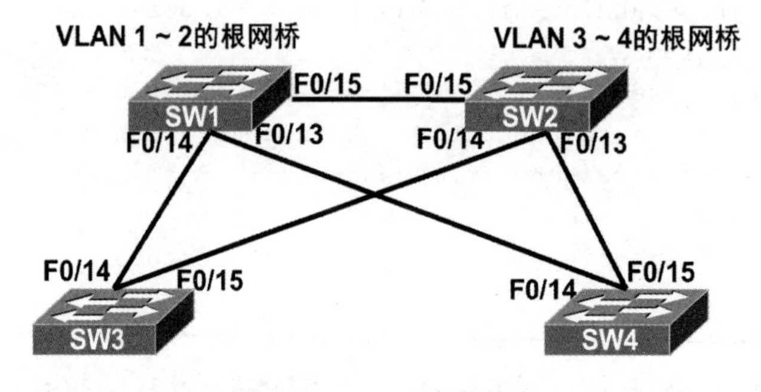

图 3-14　VLAN 负载均衡

推荐步骤：

- ◆ 更改 STP 优先级，使交换机成为相应 VLAN 的根网桥；
- ◆ 通过 show 命令查看 STP 信息；
- ◆ 验证 VLAN 的负载均衡。

✧ 思考题

- ◆ Trunk 的作用是什么？
- ◆ 什么是 Trunk Link？什么是 Access Link？
- ◆ 如果需要与其他厂家的交换机连接配置 VLAN Trunk,需要使用哪种标记方式？
- ◆ 生成树算法的三个步骤是什么？
- ◆ STP 选举过程中，如何确定哪些端口被阻塞？
- ◆ 生成树端口状态有哪些？分别表示什么含义？

单臂路由与动态路由协议 RIP

学习目标

- 理解单臂路由的原理；
- 掌握单臂路由的配置；
- 了解动态路由协议；
- 掌握 RIP 路由协议工作原理；
- 掌握 RIP 路由协议配置。

4.1 单臂路由原理

单臂路由是指在路由器的一个接口上通过配置子接口或者叫“逻辑接口”的方式，实现原来相互隔离的不同 VLAN（虚拟局域网）之间的互联互通。

通过 VLAN 划分网络固然可以解决网络安全和广播风暴的频繁出现，但是对于那些既希望隔离又希望对某些客户机进行互通的公司来说，划分 VLAN 的同时为不同 VLAN 建立互相访问的通道也是必要的。众所周知可以使用三层交换机来实现，但是对于大多数企业网络搭建初期购买的仅仅是二层可管理型交换机，如果要购买三层交换机实现 VLAN 互通功能的话，以前的二层设备将被废弃，这样就造成了极大的浪费。那么有没有什么办法在仍然使用二层设备的基础上，实现三层交换机的功能呢？我们就可以借助现有的路由器实现这个功能。

1．三层交换机的工作原理

首先我们要了解三层交换机的工作原理，理论上讲一台三层交换机可以看成一个二层交换机加一个路由模块，实际使用中各个厂商也是通过将路由模块内置于交换机中实现三层功能的。在传输数据包时先发向这个路由模块，由其提供路由路径，然后再由交换机转发相应的数据包。

2．单臂路由工作原理

既然仍然要使用以前的二层设备，那么可以通过添加一台路由器解决上面提到的企业网络升级问题。这台路由器就相当于三层交换机的路由模块，只是我们将其放到了交换机的外部。具体原理拓扑如图 4-1 所示。

由图 4-1 可以看出，路由器与交换机之间是通过外部线路连接的，这个外部线路只有一条，但在逻辑上是分开的，需要路由的数据包会通过这个线路到达路由器，经过路由后再通过此线路返回交换机进行转发。这种拓扑方式形象地叫做单臂路由。单臂路由就是数据包从

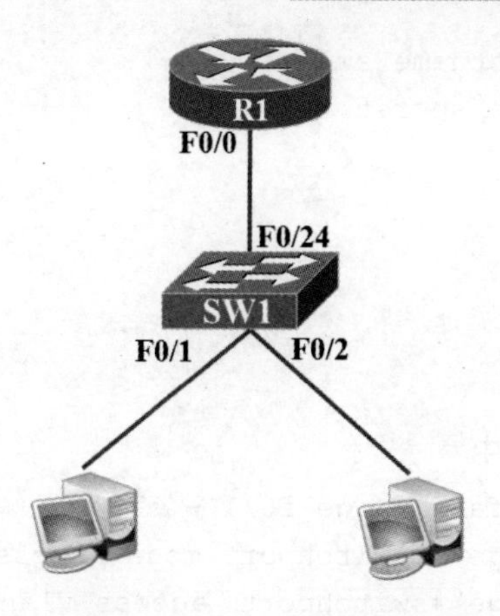

图 4-1 单臂路由原理拓扑

哪个口进去，又从哪个口出来，而传统网络拓扑中数据包从某个接口进入路由器要从另一个接口离开路由器。

那么什么时候要用到单臂路由呢?在企业内部网络中划分了 VLAN，当 VLAN 之间有部分主机需要通信，但交换机不支持三层交换，这时候可以采用一台支持 802.1Q 的路由器实现 VLAN 的互通。路由器重新封装 MAC 地址、转换 VLAN 标签，只需要在以太网口上建立子接口，并分配 IP 地址作为该 VLAN 的网关，同时启动 802.1Q 协议即可。一个物理接口当成多个逻辑接口来使用时，往往需要在该接口上启用子接口，通过很多的逻辑子接口实现物理端口以一当多的功能。

4.2 配置单臂路由

以图 4-2 所示的网络拓扑为例，配置单臂路由的步骤如下。

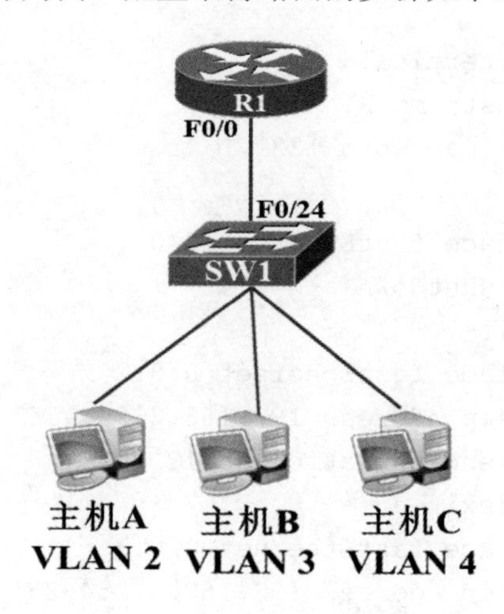

图 4-2 单臂路由网络拓扑

1. 交换机的基本配置

```
Switch>enable
Switch#configure terminal
```

```
Switch(config)#hostname sw1
sw1(config)#enable secret 123
sw1(config)#exit
```

2．交换机上创建VLAN

```
sw1#vlan database
sw1(vlan)#vlan 2
sw1(vlan)#vlan 3
sw1(vlan)#vlan 4
```

3．把端口加入到VLAN中

```
sw1(config)#interface range f0/1 - 5
sw1(config-if-range)# switchport mode access
sw1(config-if-range)#switchport  access vlan2
sw1(config-if-range)#exit
sw1(config)#interface range f0/6 - 10
sw1(config-if-range)# switchport mode access
sw1(config-if-range)#switchport access vlan3
sw1(config-if-range)#exit
sw1(config)#interface range f0/11- 15
sw1(config-if-range)# switchport mode access
sw1(config-if-range)#switchport  access vlan4
sw1(config-if-range)#exit
```

4．在交换机上启用中继

```
sw1(config)#interface fastEthernet 0/24
sw1(config-if)#switchport trunk encapsulation dot1q
sw1(config-if)#switchport mode trunk
sw1(config-if)#end
```

5．路由器的基本配置

```
Router>enable
Router#configure terminal
Router(config)#hostname R1
R1(config)#enable password 123
```

6．路由器子接口的配置

```
R1(config)#interface fastEthernet 0/0
R1(config-if)#no shutdown
R1(config-if)#exit
R1(config)#interface fastEthernet 0/0.2
R1(config-subif)#ip address 192.168.2.254 255.255.255.0
R1(config-subif)#encapsulation dot1Q 2
R1(config-subif)#exit
R1(config)#interface fastEthernet 0/0.3
R1(config-subif)#ip address 192.168.3.254 255.255.255.0
R1(config-subif)#encapsulation dot1Q 3
R1(config-subif)#exit
R1(config)#interface fastEthernet 0/0.4
R1(config-subif)#ip address 192.168.4.254 255.255.255.0
R1(config-subif)#encapsulation dot1Q 4
```

7．PC 机的网络设置

主机 A 的 IP 地址 192.168.2.1、子网掩码地址 255.255.255.0、网关地址 192.168.2.254；主机 B 的 IP 地址 192.168.3.1、子网掩码地址 255.255.255.0、网关地址 192.168.3.254；主机 C 的 IP 地址 192.168.4.1、子网掩码地址 255.255.255.0、网关地址 192.168.4.254。然后用 ping 命令取验证 PC 机之间的连通性。

4.3 动态路由协议

虽然静态路由在某些时刻很有用，但是必须手工配置每条路由条目，对于大中型的网络或拓扑经常改变的情况，配置和维护路由的工作量变得非常繁重。因此，使用动态路由非常必要。动态路由是网络中路由器之间相互通信，传递路由信息，利用收到的路由信息更新路由表的过程。它能适时地适应网络结构的变化。如果路由更新信息表明网络发生了变化，路由选择软件就会重新计算路由，并发出新的路由更新信息。

在动态路由中，管理员不再需要与静态路由一样，手工对路由器上的路由表进行维护，而是在每台路由器上运行一个路由协议。这个路由协议会根据路由器上的接口的配置（如 IP 地址的配置）及所连接链路的状态，生成路由表中的路由表项。

4.3.1 动态路由协议分类

常见的路由协议可分为距离矢量路由协议和链路状态路由协议。其中距离矢量路由协议依据从源网络到目标网络所经过的路由器的个数来选择路由，典型的协议有 RIP 和 IGRP。链路状态路由协议会综合考虑从源网络到目标网络的各条路径的情况来选择路由，典型的协议有 OSPF 和 IS-IS。

1．距离矢量路由协议

距离矢量中的距离是根据度量定义的，方向是根据下一跳路由器定义的。例如，朝下一跳路由器 A 的方向可以到达目标 B，距此 5 跳的距离，这个表述隐含着每个路由器向邻居路由器学习它们所观察到的路由信息，然后再向外通告自己观察到的路由信息。因为每个路由器在信息上都依赖于邻居路由器，而邻居路由器又从它们的邻居路由器那里学习路由，以此类推。

2．链路状态路由协议

距离矢量路由协议所使用的信息可以看作为路标提供的信息，而链路状态路由协议像是一张公路线路图。链路状态不同于距离矢量依照传闻进行路由选择的工作方式，原因是链路状态路由器从对等路由器那里获取第一手信息。每台路由器会产生一些关于自己、本地直连网络以及这些链路状态的信息。这些信息从一台路由器传送到另一台路由器，每台路由器都做一份信息备份，但是绝不改动信息。最终目的是每台路由器都有一个相同的有关互联网的信息，并且每台路由器都可以独立地计算各自的最优路径。

4.3.2 RIP 路由协议工作原理

RIP（Routing Information Protocol，路由协议）是应用较早、使用较普通的内部网关协议，适用于小型同类网络的路由信息的传递。RIP 使用非常广泛，它简单、可靠，便于配置。但是 RIP 只适用于小型的同结构网络，因为它允许的最大站点数为 15，任何超过 15 个站点的目的地均被标记为不可达。而且 RIP 每隔 30s 发送一次路由信息广播，也是造成网络的广播风暴的重要原因之一。

在路由实现时，RIP 负责从网络系统的其他路由器接收路由信息，从而对本地 IP 层路由表进行动态的维护，保证 IP 层发送报文时选择正确的路由。同时负责广播本路由器的路由信息，通知相邻路由器作相应的修改。

RIP 路由协议用“更新”和“请求”这两种分组来传输信息。每个具有 RIP 协议功能的路由器每隔 30s 给予其直接相连的设备广播更新信息。更新信息反映了该路由器所有的路由选择信息数据库。路由选择信息数据库的每个条目由“局域网上能达到的 IP 地址”和“与该网络的距离”两部分组成。请求信息用于寻找网络上能发出 RIP 报文的其他设备。

RIP 用“跳数”作为网络距离的尺度。每个路由器在给相邻路由器发出路由信息时，都会给每个路径加上内部距离。然而在实际的网络路由选择上并不总是由跳数决定的，还要结合实际的路径连接性能综合考虑。

4.4 配置 RIP 路由协议

RIP 路由协议使用跳数作为唯一的度量值，在 RIP 中规定了跳数的最大值为 15，16 跳视为不可达。路由器接收到相邻路由器发送来的路由信息，会与自己的路由表中的条目进行比较，如果路由表中已经存在这条路由信息，路由器会比较新接收到的路由信息是否优于现在的条目，如果优于现在的条目，路由器会用新的路由信息替换原有的路由条目。反之，则路由器比较这条路由信息与原有的条目是否来自同一个源，如果来自同一个源，则更新，否则就忽略这条路由信息。

RIP 的配置命令如下：

```
Router(config)#router rip
Router(config-router)#network network-number
network-number：指此路由自己直连的网段。
```

在图 4-3 所示 R1 和 R2 上配置 RIP 实现两台路由器之间联通。

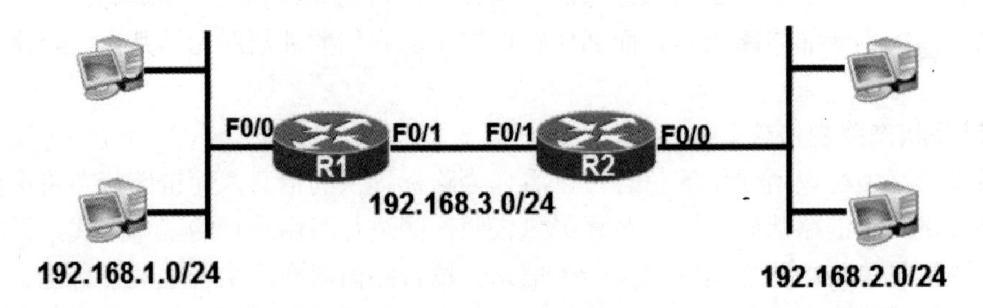

图 4-3 RIP 配置协议拓扑

1. R1 配置如下

```
R1(config)#int f0/0
R1(config-if)#ip add 192.168.1.1 255.255.255.0
R1(config-if)#no sh
R1(config-if)#exit
R1(config)#int f0/1
R1(config-if)#ip add 192.168.3.1 255.255.255.0
```

```
R1(config-if)#no sh
R1(config-if)#exit
R1(config)#router rip                          //启动 RIP 协议进程
R1(config-router)#network 192.168.1.0          //宣告本地网段
R1(config-router)#network 192.168.3.0          //宣告本地网段
```

2．R2 配置如下

```
R2(config)#int f0/0
R2(config-if)#ip add 192.168.2.1 255.255.255.0
R2(config-if)#no sh
R2(config-if)#exit
R2(config)#int f0/1
R2(config-if)#ip add 192.168.3.2 255.255.255.0
R2(config-if)#no sh
R2(config-if)#exit
R2(config)#router rip                          //启动 RIP 协议进程
R2(config-router)#network 192.168.2.0          //宣告本地网段
R2(config-router)#network 192.168.3.0          //宣告本地网段
```

3．查看路由表

```
R1#show ip route
C    192.168.1.0/24 is directly connected, FastEthernet0/0
R    192.168.2.0/24 [120/1] via 192.168.3.2, 00:00:20, FastEthernet0/1
C    192.168.3.0/24 is directly connected, FastEthernet0/1
R2#show ip route
R    192.168.1.0/24 [120/1] via 192.168.3.1, 00:00:13, FastEthernet0/1
C    192.168.2.0/24 is directly connected, FastEthernet0/0
C    192.168.3.0/24 is directly connected, FastEthernet0/1
```

命令参数的详细说明如下。

最前面的 C 或 R 代表路由项的类别，C 是直连，R 代表是 RIP 协议生成的。

192.168.2.0/24：是目的网段。

[120/1]：表示 RIP 路由协议的管理距离为 120，1 则是路由器的度量值，即跳数。

via 192.168.3.2：表示下一跳点的 IP 地址。

00:00:20：说明了路由产生的时间。

FastEthernet0/1：表示该条路由所使用的接口。

4．查看路由协议信息

```
R1#show ip protocols
Routing Protocol is "rip"
Sending updates every 30 seconds, next due in 20 seconds
Invalid after 180 seconds, hold down 180, flushed after 240
Outgoing update filter list for all interfaces is not set
Incoming update filter list for all interfaces is not set
Redistributing: rip
Default version control: send version 1, receive any version
  Interface            Send  Recv  Triggered RIP  Key-chain
  FastEthernet0/1       1     2 1
  FastEthernet0/0       1     2 1
Automatic network summarization is in effect
```

```
Maximum path: 4
Routing for Networks:
   192.168.1.0
   192.168.3.0
Passive Interface(s):
Routing Information Sources:
   Gateway        Distance     Last Update
   192.168.3.2        120      00:00:03
Distance: (default is 120)
```

命令参数的详细说明如下。

Routing Protocol is "rip"表示启用的路由协议，此案例启用的是 RIP 协议；Default version control: send version 1, receive any version 表示默认 RIP 使用版本 1 发送路由更新，RIP 可以接收 v1 和 v2 两个版本的路由更新。

4.4.1 RIP v1 与 RIP v2 配置

RIP 路由协议包含两个版本，RIPv1 和 RIPv2，两者的主要区别如下。

RIPv1 可以接收 RIPv1 和 RIPv2 发送的宣告，但是 RIPv2 只能接收 RIPv2 发送的宣告；RIPv1 是有类路由协议，它宣告路由信息时不携带网络掩码，采用广播更新，使用 IP 地址为 255.255.255.255，不支持不连续的子网，自动路由汇总不可关闭，而 RIPv2 是无类路由协议，它在宣告路由信息时携带网络掩码，采用组播更新，使用 IP 地址为 224.0.0.9，支持不连续的子网，自动路由汇总可以关闭，支持手工汇总。如图 4-4 所示网络拓扑为例，RIP v1 配置步骤如下。

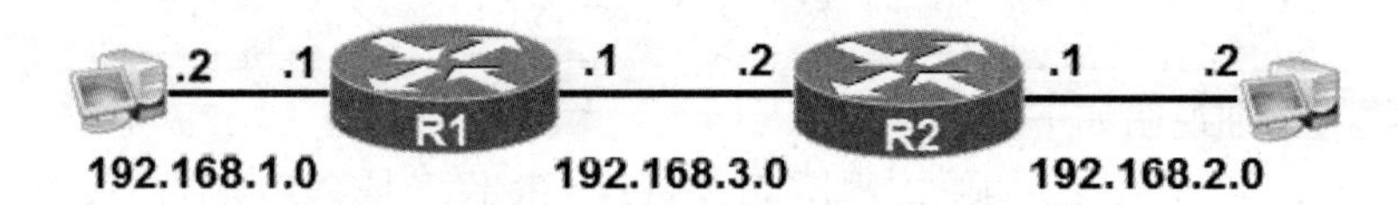

图 4-4 RIPv1 网络拓扑

```
R1(config)#int f0/0
R1(config-if)#ip add 192.168.1.1 255.255.255.0
R1(config-if)#no sh
R1(config-if)#exit
R1(config)#int f0/1
R1(config-if)#ip add 192.168.3.1 255.255.255.0
R1(config-if)#no sh
R1(config-if)#exit
R1(config)#router rip
R1(config-router)#version 1     //启用 RIP 版本 1
R1(config-router)#network 192.168.1.0
R1(config-router)#network 192.168.3.0
R2(config)#int f0/0
R2(config-if)#ip add 192.168.2.1 255.255.255.0
R2(config-if)#no sh
R2(config-if)#exit
R2(config)#int f0/1
```

```
R2(config-if)#ip add 192.168.3.2 255.255.255.0
R2(config-if)#no sh
R2(config)#router rip
R2(config-router)#version 1      //启用 RIP 版本 1
R2(config-router)#network 192.168.2.0
R2(config-router)#network 192.168.3.0
```

在路由器上启动 RIPv2 路由进程，启用参与路由协议的接口，并且通告直连网络，关闭路由汇总，如图 4-5 所示网络拓扑为例，RIP v2 配置步骤如下。

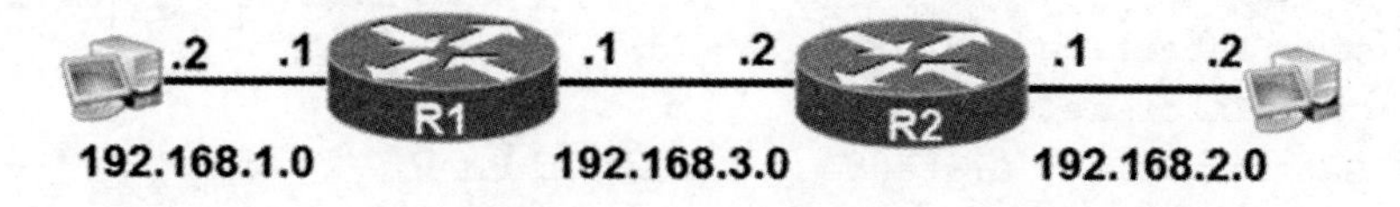

图 4-5　RIPv2 网络拓扑

```
R1(config)#int f0/0
R1(config-if)#ip add 192.168.1.1 255.255.255.0
R1(config-if)#no sh
R1(config-if)#exit
R1(config)#int f0/1
R1(config-if)#ip add 192.168.3.1 255.255.255.0
R1(config-if)#no sh
R1(config-if)#exit
R1(config)#router rip
R1(config-router)#version 2          //启用 RIP 版本 2
R1(config-router)#no auto-summary  //关闭自动汇总
R1(config-router)#network 192.168.1.0
R1(config-router)#network 192.168.3.0
R2(config)#int f0/0
R2(config-if)#ip add 192.168.2.1 255.255.255.0
R2(config-if)#no sh
R2(config-if)#exit
R2(config)#int f0/1
R2(config-if)#ip add 192.168.3.2 255.255.255.0
R2(config-if)#no sh
R2(config)#router rip
R2(config-router)#version 2          //启用 RIP 版本 2
R2(config-router)#no auto-summary  //关闭自动汇总
R2(config-router)#network 192.168.2.0
R2(config-router)#network 192.168.3.0
```

在用命令查看路由信息，RIP v1 和 RIP v2 用不同的地方。

```
R1#show ip protocols
Routing Protocol is "rip"
Sending updates every 30 seconds, next due in 15 seconds
Invalid after 180 seconds, hold down 180, flushed after 240
Outgoing update filter list for all interfaces is not set
Incoming update filter list for all interfaces is not set
Redistributing: rip
```

```
Default version control: send version 2, receive 2
  Interface          Send  Recv  Triggered RIP  Key-chain
  FastEthernet0/1     2     2
  FastEthernet0/0     2     2
Automatic network summarization is not in effect
Maximum path: 4
Routing for Networks:
    192.168.1.0
    192.168.3.0
Passive Interface(s):
Routing Information Sources:
    Gateway         Distance      Last Update
    192.168.3.2       120         00:00:10
Distance: (default is 120)
```

命令参数中的 Default version control: send version 2, receive 2，表示默认 RIP 使用版本 2 发送路由更新，RIP 使用版本 2 接收路由更新。

4.4.2 RIP 认证

RIPv1 不支持路由认证，RIPv2 支持两种认证方式，分别为明文认证和 MD5 认证。缺省不进行认证，可以配置多个密钥，在不同的时间应用不同的密钥；当配有多个密钥时，路由器按照从上到下的顺序检索匹配的密钥；当发送路由更新数据包时，路由器利用检索到的第一个匹配的密钥发送路由更新数据包；当接收到一个路由更新数据包时，如果路由器没有检索到一个匹配的密钥，则丢弃收到的路由更新数据包。

为了防止攻击者利用路由更新对路由器可能造成的破坏，某企业网络管理员想实施路由更新认证措施，以此来加强网络的安全性。现要在路由器上做适当配置来实现这一目标。网络拓扑如图 4-6 所示，详细配置如下。

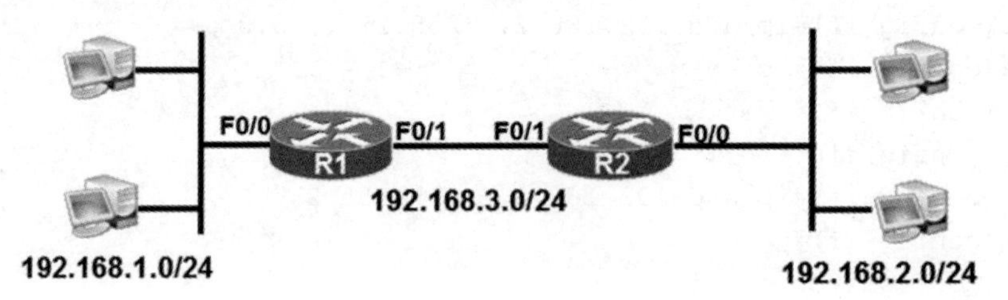

图 4-6 RIP 认证网络拓扑

```
R1(config)# key chain a          //定义一个密钥链 a，进入密钥链配置模式
R1(config- keychain)# key 1      //定义密钥序号 1，进入密钥配置模式
R1 (config- keychain-key)# key-string sa   //定义密钥 1 的密钥内容为 sa
R1(config)# int f0/1
R1(config-if)#ip add 192.168.3.1 255.255.255.0
R1(config-if)#no sh
R1(config-if)# ip rip authentication mode md5      //定义认证模式为 md5，
若用 text 则表示明文认证，若不指明模式则缺省用明文认证
R1(config-if)# ip rip authentication key-chain a   //引用密钥链 a
R1(config-if)#exit
```

```
R1(config)#int f0/0
R1(config-if)#ip add 192.168.1.1 255.255.255.0
R1(config-if)#no sh
R1(config-if)#exit
R1(config)#router rip
R1(config-router)#version 2
R1(config-router)#no auto-summary
R1(config-router)#network 192.168.1.0
R1(config-router)#network 192.168.3.0
R2(config)# key chain a          //定义一个密钥链 a，进入密钥链配置模式
R2(config- keychain)# key 1      //定义密钥序号 1，进入密钥配置模式
R2 (config- keychain-key)# key-string sa        //定义密钥 1 的密钥内容为 sa
R2(config)# int f0/1
R2(config-if)#ip add 192.168.3.2 255.255.255.0
R2(config-if)#no sh
R2(config-if)# ip rip authentication mode md5  //定义认证模式为 md5，若用
text 则表示明文认证，若不指明模式则缺省用明文认证
R2(config-if)# ip rip authentication key-chain a   //引用密钥链 a
R2(config-if)#exit
R2(config)#int f0/0
R2(config-if)#ip add 192.168.2.1255.255.255.0
R2(config-if)#no sh
R2(config-if)#exit
R2(config)#router rip
R2(config-router)#version 2
R2(config-router)#no auto-summary
R2(config-router)#network 192.168.2.0
R2(config-router)#network 192.168.3.0
```

可以通过命令对 RIPV2 认证进行验证。

```
R1# show key chain          //验证密钥链和密钥串配置信息
R1# show running-config     //验证接口上的认证密钥配置
R1#debug ip rip             //打开 RIP 调试功能，结果显示接收和发送路由更新都正常
R1#no debug all             //调试完后必须关闭调试功能
R1#show ip route            // 结果显示 R1 具有全网路由
```

4.5　实验案例

某公司局域网划分了 VLAN，实现了各网络区域之间的访问控制。但 VLAN 之间无法互联互通。比如公司划分为领导层、销售部、财务部、人力部、技术部，并为不同部门配置了不同的 VLAN，部门之间不能相互访问，有效保证了各部门的信息安全。但经常出现领导层需要跨越 VLAN 访问其他各个部门，需要配置单臂路由来实现。

实验 1：配置单臂路由

网络拓扑如图 4-7 所示，要求配置单臂路由实现各个 VLAN 互通。主机 PC0 属于 VLAN10、192.168.10.0/24 网段，网关 192.168.10.1；主机 PC1 属于 VLAN20、192.168.20.0/24 网段，网

关 192.168.20.1；主机 PC2 属于 VLAN30、192.168.30.0/24 网段，网关 192.168.30.1。

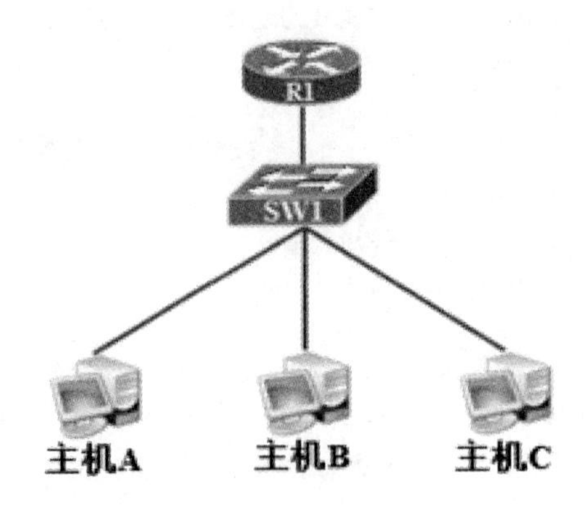

图 4-7 单臂路由拓扑

- 配置交换机 VLAN 各接口的链路类型。
- 配置路由器子接口封装类型及 VLAN 标签。
- 配置子接口的 IP 地址。

实验 2：RIP 配置

网络拓扑如图 4-8 所示，要求分别配置 RIPv1 和 RIPv2，并验证网络是否可以正常通信。

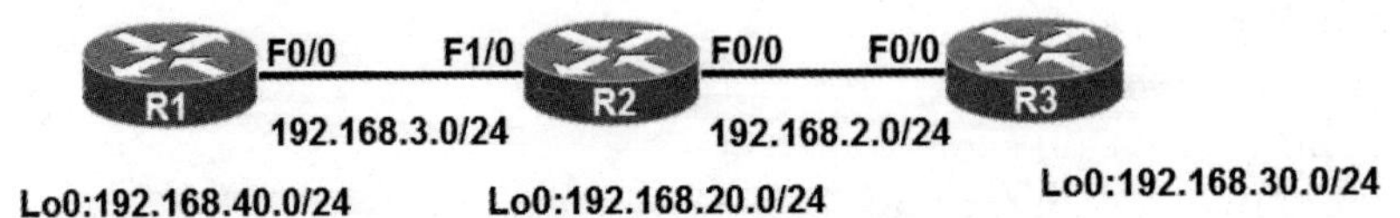

图 4-8 RIP 配置

推荐步骤：

- 在一台路由器上配置路由器的接口地址。
- 在一台路由器上配置 RIP v1 协议。
- 使用 ping、show ip route 查看命令，验证网络通信是否正常。
- 在三台路由器上配置 RIP v2 协议。
- 使用 ping、show ip route 查看命令，验证网络通信是否正常。

✧ 思考题

- 简述使用单臂路由实现 VLAN 间通信的原理。
- 路由协议是如何分类的？
- RIP 路由协议的最大跳数是多少？

第 5 章

访问控制列表ACL与网络地址转换NAT

学习目标

- 理解 ACL 的基本原理；
- 掌握标准 ACL 的配置；
- 掌握扩展 ACL 的配置；
- 掌握命名 ACL 的配置；
- 理解 NAT 的实现方式；
- 掌握 NAT 的配置。

5.1 访问控制列表

访问控制列表 ACL（Access Control Lists）是应用在路由器接口的规则，这些规则是用来告诉路由器，哪些数据包可以接收，哪些数据包需要拒绝。

5.1.1 访问控制列表工作原理

访问控制列表使用包过滤技术，在路由器上读取第三层及第四层包头中的信息，如源地址、目的地址、源端口、目的端口等，根据预先定义好的规则对包进行过滤，从而达到访问控制的目的。

访问控制列表不但可以起到控制网络流量、流向的作用，而且在很大程度上起到保护网络设备、服务器的关键作用。作为外网进入企业内网的第一道关卡，路由器上的访问控制列表成为保护内网安全的有效手段。此外，在路由器的许多其他配置任务中都需要使用访问控制列表，如网络地址转换（Network Address Translation，NAT）、按需拨号路由（Dial on Demand Routing，DDR）、路由重分布（Routing Redistribution）、策略路由（Policy-Based Routing，PBR）等很多场合都需要访问控制列表。

1. ACL 的作用

✓ ACL 可以限制网络流量、提高网络性能。例如，ACL 可以根据数据包的协议，指定数据包的优先级。

✓ ACL 提供对通信流量的控制手段。例如，ACL 可以限定或简化路由更新信息的长度，从而限制通过路由器某一网段的通信流量。

✓ ACL 是提供网络安全访问的基本手段。ACL 允许主机 A 访问财务部网络，而拒绝主机 B 访问财务部网络。

✓ ACL 可以在路由器接口处决定哪种类型的通信流量被转发或被阻塞。例如，用户可以允许 FTP 通信流量通过，拒绝所有的 SSH 通信流量。

例如：某部门要求只能使用 WWW 和邮件服务这个功能，就可以通过 ACL 实现；为了部门的安全性、保密性，不允许其访问外网，也不允许外网访问它，就可以通过 ACL 实现。

2．ACL 原则

✓ 在路由器或者交换机上应用 ACL 的一般规则是为每种协议、每个方向、每个接口配置一个 ACL。

✓ 每种协议定义一个 ACL 要控制接口上的流量，必须为接口上启用的每种协议定义相应的 ACL。

✓ 每个方向定义一个 ACL 只能控制接口上一个方向的流量，要控制入站流量和出站流量，必须分别定义两个 ACL。

✓ 每个接口定义一个 ACL 只能控制一个接口上的流量。

✓ ACL 的编写可能相当复杂而且极具挑战性。每个接口上都可以针对多种协议和各个方向进行定义。

3．ACL 的执行过程

一个端口执行哪条 ACL，这需要按照列表中的条件语句执行顺序来判断。如果一个数据包的报头跟表中某个条件判断语句相匹配，那么后面的语句就将被忽略，不再进行检查。

数据包只有在跟第一个判断条件不匹配时，它才被交给 ACL 中的下一个条件判断语句进行比较。如果匹配则不管是第一条还是最后一条语句，数据都会立即发送到目的接口。如果所有的 ACL 判断语句都检测完毕，仍没有匹配的语句出口，则该数据包将视为被拒绝而被丢弃。

ACL 是一组判断语句的集合，具体对下列数据包进行检测并控制，从入站接口进入设备的数据包；从出站接口离开设备的数据包。设备会检查接口上是否应用了访问控制列表，从而进入不同的处理流程。如果接口应用了访问控制列表，则与该接口相关的一系列访问控制列表语句组合将进行检测。基于 ACL 的测试条件，数据包被允许或者被拒绝。这里要注意，ACL 不能对本路由器产生的数据包进行控制，按照从具体到普遍的次序来排列条目，将经常发生的条件放在不经常发生的条件之前。

5.1.2 访问控制列表类型

目前有三种主要的 ACL，分别为标准 ACL、扩展 ACL 及命名 ACL。其他的还有标准 MAC ACL、时间控制 ACL、协议 ACL、IPv6 ACL 等。

1．标准 ACL

标准的 ACL 使用 1 ~ 99 以及 1300~1999 之间的数字作为表号，标准 ACL 可以阻止来自某一网络的所有通信流量，或者允许来自某一特定网络的所有通信流量，或者拒绝某一协议簇（比如 IP）的所有通信流量。标准 ACL 根据数据包的源 IP 地址允许或拒绝数据包。

2．扩展 ACL

扩展的 ACL 使用 100 ~ 199 以及 2000~2699 之间的数字作为表号。扩展 ACL 比标准 ACL 提供了更广泛的控制范围。例如，网络管理员如果希望做到“允许外来的 Web 通信流量通过，拒绝外来的 FTP 和 Telnet 等通信流量”，那么，他可以使用扩展 ACL 来达到目的，标准 ACL

不能控制这么精确。扩展的 ACL 根据数据包的源 IP 地址、目的 IP 地址、指定协议、端口和标志来过滤数据包。

3．命名 ACL

命名访问控制列表允许在标准和扩展访问控制列表中使用名称代替表号。在标准与扩展访问控制列表中均要使用表号，而在命名访问控制列表中使用一个字母或数字组合的字符串来代替前面所使用的数字。使用命名访问控制列表可以用来删除某一条特定的控制条目，这样可以让我们在使用过程中方便地进行修改。在使用命名访问控制列表时，要求路由器的 IOS 在 11.2 以上的版本，并且不能以同一名字命名多个 ACL，不同类型的 ACL 也不能使用相同的名字。

5.2　配置访问控制列表

1．标准 ACL 的配置

创建标准 ACL 的语法如下：

```
Router(config)#access-list access-list-number {permit|deny} source [souce-wildcard]
```

下面是命令参数的详细说明。

access-list-number：访问控制列表号，标准 ACL 取值是 1～99。

permit|deny：如果满足规则，则允许/拒绝通过。

source：数据包的源地址，可以是主机地址，也可以是网络地址。

source-wildcard：通配符掩码，也叫做反码，即子网掩码去反值。如：正常子网掩码 255.255.255.0 取反码则是 0.0.0.255。

删除已建立的标准 ACL 语法如下。

```
Router(config)#no access-list access-list-number
```

将创建好的标准 ACL 应用于路由器的接口上，语法如下。

```
Router(config-if)#ip access-group access-list-number {in|out}
```

参数解释详细说明如下。

access-list-number：创建 ACL 时指定的访问控制列表号。

in：应用到入站接口。

out：应用到出站接口。

取消接口上的 ACL 应用可以使用如下命令。

Router(config-if)#no ip access-group access-list-number {in|out}

运用标准 ACL 禁止主机 PC2 访问主机 PC1，而允许所有其他的流量，网络拓扑如图 5-1 所示。

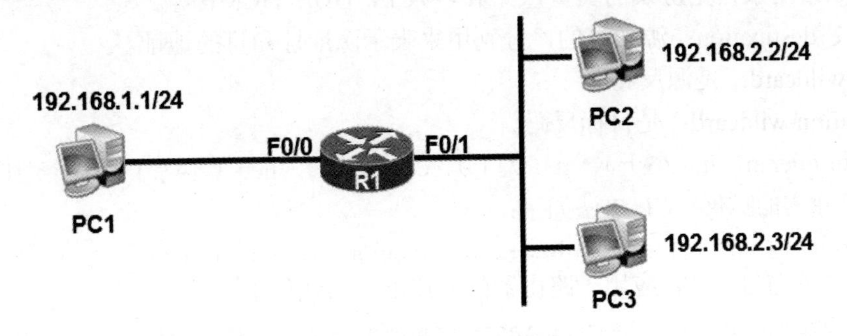

图 5-1　标准 ACL 网络拓扑

具体配置如下：

```
R1(config)#int f0/0
R1(config-if)#ip add 192.168.1.254 255.255.255.0
R1(config-if)#no sh
R1(config-if)#exit
R1(config)# access-list 1 deny host 192.168.2.2
R1(config)# access-list 1 permit any
R1(config)# int f0/1
R1(config-if)#ip add 192.168.2.254 255.255.255.0
R1(config-if)#no sh
R1(config-if)# ip access-group 1 in
R1(config-if)#end
R1# show access-lists
Standard IP access list 1
   10 deny   192.168.2.2
   20 permit any
```

可以通过 show access-lists 命令查看 ACL 配置。这里有两条配置，代表着拒绝 IP 地址 192.168.2.2，允许其他所有 IP 地址通过。

如果创建一个 ACL 允许 192.168.10.0 网段的所有主机的流量通过，标准 ACL 命令如下。

```
Router(config)#access-list 10 permit 192.168.10.0 0.0.0.255
```

如果创建一个 ACL 允许一个主机 10.0.0.1 流量通过，标准 ACL 命令如下。

```
Router(config)#access-list 10 permit host 10.0.0.1
```

如果创建一个 ACL 拒绝所有主机访问，标准 ACL 命令如下。

```
Router(config)#access-list 10 deny any
```

在上述中的关键字 host 可以指定一个主机地址，而不用子网反码，而 any 可以代表所有主机，相当于反码 0.0.0.0 255.255.255.255。

2．扩展 ACL 的配置

创建扩展的 ACL 语法如下：

```
Router(config)#access-list access-list-number {permit|deny} protocol
{source souce-wildcard destination destination-wildcard} [operator operan]
```

下面是命令参数的详细说明。

access-list-number：访问控制列表号，扩展 ACL 取值是 100～199。

permit|deny：如果满足规则，则允许/拒绝通过。

protocol：用来指定协议的类型，如 IP，TCP，UDP，ICMP 等。

source、destination：源和目的，分别用来表示源地址和目的地址。

souce-wildcard：是源反码。

destination-wildcard：是目标反码。

operator operan：lt（小于）、gt（大于）、eq（等于）、neq（不等于）某个端口号。

删除已建立的扩展 ACL 语法如下：

```
Router(config)#no access-list access-list-number
```

将创建好的扩展 ACL 应用于路由器的接口上，语法如下。

```
Router(config-if)#ip access-group access-list-number {in|out}
```

运用扩展 ACL 允许 PC1 访问 Web 服务器的 WWW 服务，禁止 PC1 访问 Web 服务器的其他服务，允许主机PC1访问网络192.168.2.0/24，网络拓扑如图5-2所示。

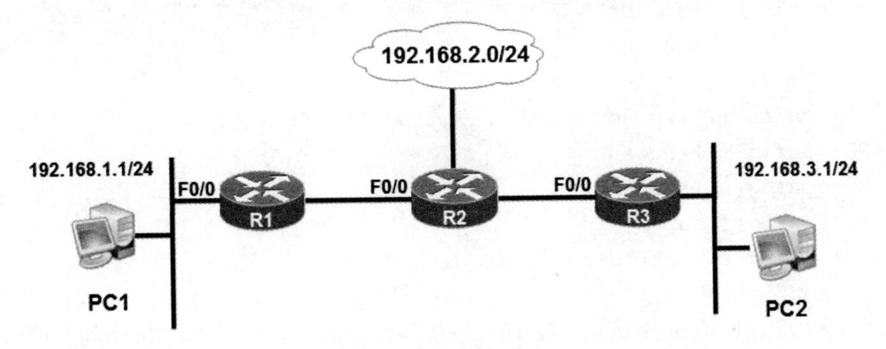

图5-2 扩展ACL网络拓扑

具体配置如下：

```
R1(config)# access-list 101 permit tcp host 192.168.1.1 host 192.168.3.1 eq www
R1(config)# access-list 101 deny ip host 192.168.1.1 host 192.168.3.1
R1(config)# access-list 101 permit ip host 192.168.1.1 192.168.2.0 0.0.0.255
R1(config)# int f0/0
R1(config-if)#ip add 192.168.1.254 255.255.255.0
R1(config-if)#no sh
R1(config-if)# ip access-group 101 in
R1(config-if)#exit
R1(config)# int f0/1
R1(config-if)#ip add 192.168.10.1 255.255.255.0
R1(config-if)#no sh
R1(config-if)#exit
R1(config)#router rip
R1(config-router)#network 192.168.1.0
R1(config-router)#network 192.168.10.0
R2(config)#int f0/0
R2(config-if)#ip add 192.168.10.2 255.255.255.0
R2(config-if)#no sh
R2(config-if)#exit
R2(config)# int f0/1
R2(config-if)#ip add 192.168.20.1 255.255.255.0
R2(config-if)#no sh
R2(config-if)#exit
R2(config)# int f1/0
R2(config-if)#ip add 192.168.2.254 255.255.255.0
R2(config-if)#no sh
R2(config-if)#exit
R2(config)#router rip
R2(config-router)#network 192.168.2.0
R2(config-router)#network 192.168.20.0
R2(config-router)#network 192.168.10.0
R3(config)#int f0/0
```

```
R3(config-if)#ip add 192.168.20.2 255.255.255.0
R3(config-if)#no sh
R3(config-if)#exit
R3(config)# int f0/1
R3(config-if)#ip add 192.168.3.254 255.255.255.0
R3(config-if)#no sh
R3(config-if)#exit
R3(config)#router rip
R3(config-router)#network 192.168.3.0
R3(config-router)#network 192.168.20.0
```

如果允许 192.168.10.0/24 访问 192.168.20.0/24，而拒绝其他所有主机访问。扩展 ACL 命令如下。

```
Router(config)#access-list 150 permit ip 192.168.10.0 0.0.0.255 192.168.20.0 0.0.0.255
Router(config)#access-list 150 deny ip any any
```

如果拒绝网络 192.168.10.0/24 访问 FTP 服务器 192.168.20.200/24，而允许其他主机访问。扩展 ACL 命令如下。

```
Router(config)#access-list 160 deny tcp 192.168.10.0 0.0.0.255 host 192.168.20.200 eq 21
Router(config)#access-list 160 permit ip any any
```

如果禁止网络 192.168.10.0/24 中的主机 ping 通服务器 192.168.20.200/24，而允许其他主机访问。

```
Router(config)#access-list 170 deny icmp 192.168.10.0 0.0.0.255 host 192.168.20.200 echo
Router(config)#access-list 170 permit ip any any
```

3．命名 ACL 的配置

创建命名访问控制列表的语法如下。

```
Router(config)#ip access-list {standard|extended} access-list-name
```

下面是命令参数的详细说明。

standard：创建标准的命名访问控制列表。

extended：创建扩展的命名访问控制列表。

access-list-name：命名控制列表的名字，可以是任意字母和数字的组合。

标准命名 ACL 语法如下。

```
Router(config-std-nacl)#[Sequence-Number] {permit|deny} source [souce-wildcard]
```

扩展命名 ACL 语法如下。

```
Router(config-ext-nacl)#[Sequence-Number] {permit|deny} protocol {source souce-wildcard destination destination-wildcard} [operator operan]
```

无论是配置标准命名 ACL 语句还是配置扩展命名 ACL 语句，都有一个可选参数 Sequence-Number。Sequence-Number 参数表明了配置的 ACL 语句在命令 ACL 中所处的位置，默认情况下，第一条为 10，第二条为 20，以此类推。Sequence-Number 可以很方便地将新添加的 ACL 语句插于到原有的 ACL 列表的指定位置，如果不选择 Sequence-Number，默认添加到 ACL 列表末尾并且序列号加 10。

删去已创建的命名 ACL 语法如下。

```
Router(config)#no ip access-list {standard|extended} access-list-name
```

对于命名 ACL 来说，可以删除单条 ACL 语句，而不用删除整个 ACL。并且 ACL 语句可以有选择地插入到列表中的某个位置，使得 ACL 配置更加方便灵活。如果要删除某一 ACL 语句，可以使用“no Sequence-Number”或“no ACL”语句两种方式。

将命名 ACL 应用于接口语法如下。

```
Router(config-if)#ip access-group access-list-name {in|out}
```

取消命名 ACL 的应用语法如下。

```
Router(config-if)#no ip access-group access-list-name {in|out}
```

某公司新搭建了一台 IP 地址为 192.168.100.100 的服务器，网络拓扑如图 5-3 所示，出于安全方面考虑，192.168.1.0/24 网段中除 192.168.1.4～192.168.1.7 外的所有其余地址都不能访问服务器，运用命名 ACL 实现其功能。

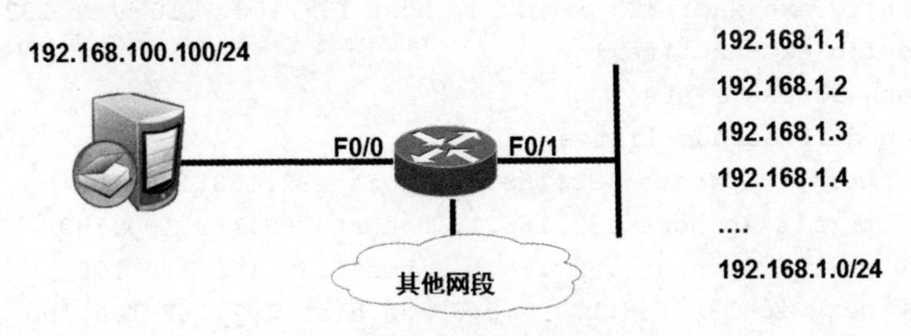

图 5-3 命名 ACL 网络拓扑

具体配置如下：

```
R1(config)#ip access-list extended s
R1(config-ext-nacl)#permit ip host 192.168.1.4 host 192.168.100.100
R1(config-ext-nacl)#permit ip host 192.168.1.5 host 192.168.100.100
R1(config-ext-nacl)#permit ip host 192.168.1.6 host 192.168.100.100
R1(config-ext-nacl)#permit ip host 192.168.1.7 host 192.168.100.100
R1(config-ext-nacl)#deny ip 192.168.1.0 0.0.0.255 host 192.168.100.100
R1(config-ext-nacl)#permit ip any host 192.168.100.100
R1(config-ext-nacl)#exit
R1(config)# int f0/1
R1(config-if)#ip add 192.168.1.254 255.255.255.0
R1(config-if)#no sh
R1(config-if)# ip access-group s in
R1(config-if)#exit
R1(config)# int f0/0
R1(config-if)#ip add 192.168.100.254 255.255.255.0
R1(config-if)#no sh
R1(config-if)#exit
R1#show access-lists
Extended IP access list s
    10 permit ip host 192.168.1.4 host 192.168.100.100
    20 permit ip host 192.168.1.5 host 192.168.100.100
    30 permit ip host 192.168.1.6 host 192.168.100.100
    40 permit ip host 192.168.1.7 host 192.168.100.100
```

```
    50 deny ip 192.168.1.0 0.0.0.255 host 192.168.100.100
    60 permit ip any host 192.168.100.100
```

可以通过 show access-lists 命令查看 ACL 配置。这里有 6 条配置，代表着允许 4 个 IP 地址可以访问主机 192.168.100.100，拒绝 192.168.1.0 网段访问主机 192.168.100.100，允许其他所有 IP 地址访问 192.168.100.100。

网络运行一段时间后，需调整 ACL，要求不允许 192.168.1.4 和 192.168.1.6 主机访问服务器，允许 192.168.1.20 主机访问服务器。

ACL 变更配置如下：

```
R1(config)#ip access-list extended s
R1(config-ext-nacl)#no 10
R1(config-ext-nacl)#no permit ip host 192.168.1.6 host 192.168.100.100
R1(config-ext-nacl)#25 permit ip host 192.168.1.10 host 192.168.100.100
R1(config-ext-nacl)#exit
R1#show access-lists
Extended IP access list s
    20 permit ip host 192.168.1.5 host 192.168.100.100
    25 permit ip host 192.168.1.10 host 192.168.100.100
    40 permit ip host 192.168.1.7 host 192.168.100.100
    50 deny ip 192.168.1.0 0.0.0.255 host 192.168.100.100
    60 permit ip any host 192.168.100.100
```

如果将一条新添加的 ACL 加入到原有标准命名 ACL 的序列 18 的位置。内容为允许主机 192.168.10.1/24 访问 Internet，标准命名 ACL 配置如下：

```
Router(config)#ip access-list standard t
Router(config-std-nacl)#18 permit host 192.168.10.1
```

如果创建扩展命名 ACL，拒绝 192.168.10.0/24 访问 FTP 服务器 192.168.20.200/24，允许其他主机流量通过，扩展命名 ACL 配置如下：

```
Router(config)#ip access-list extended w
Router(config-ext-nacl)#deny tcp 192.168.10.0 0.0.0.255 host 192.168.20.200 eq 21
Router(config-ext-nacl)#permit ip any any
```

5.3 网络地址转换

随着网络的发展，公司 IP 地址的需求与日俱增。为了缓解公网 IP 地址不足，并且保护公司内部服务器的私网地址，可以使用网络地址转换 NAT（Network Address Translation）技术将私网地址转化为公网地址，以缓解 IP 地址的不足。

5.3.1 网络地址转换概述

NAT 通过将内部网络的私网 IP 地址翻译成全球唯一的公网 IP 地址，使内部网络可以连接到互联网等外部网络上，广泛应用于各种类型的互联网接入方式和各种类型的网络中。NAT 不仅解决了 IP 地址不足的问题，而且还能够隐藏内部网络的细节，避免来自网络外部的攻击，可起到一定的安全作用。

NAT 功能通常被集成到路由器、防火墙、ISDN 路由器或者单独的 NAT 设备中。NAT 设备维护一个状态表，用来把私有的IP地址映射到公有的IP地址上去。每个包在NAT设备中都被翻译成正确的IP地址发往下一级，这意味着给处理器带来了一定的负担。但这对于一般的网络来说是微不足道的，除非是有许多主机的大型网络。

借助于NAT，私有地址的网络通过路由器发送数据包时，私有地址被转换成公有的IP地址，一个局域网只需使用少量IP地址，就可以实现局域网内所有计算机与Internet的通信需求。

NAT将自动修改IP报文的源IP地址和目的IP地址，IP地址校验则在NAT处理过程中自动完成。有些应用程序将源IP地址嵌入到IP报文的数据部分中，所以还需要同时对报文的数据部分进行修改，以匹配IP头中已经修改过的源IP地址。否则，在报文数据部分嵌入IP地址的应用程序就不能正常工作。

5.3.2 网络地址转换实现方式

NAT的实现方式有三种，即静态转换Static NAT、动态转换Dynamic NAT和端口多路复用OverLoad。

静态转换是指将内部网络的私有IP地址转换为公有IP地址，IP地址是一对一的，是一成不变的，某个私有IP地址只转换为某个公有IP地址。借助于静态转换，可以实现外部网络对内部网络中某些特定设备的访问。

动态转换是指将内部网络的私有IP地址转换为公用IP地址时，IP地址是不确定的，是随机的，所有被授权访问上Internet的私有IP地址可随机转换为任何指定的合法IP地址。也就是说，只要指定哪些内部地址可以进行转换，以及用哪些合法地址作为外部地址时，就可以进行动态转换。动态转换可以使用多个合法外部地址集。当ISP提供的合法IP地址略少于网络内部的计算机数量时，可以采用动态转换的方式。

端口多路复用（Port Address Translation，PAT）是指改变外出数据包的源端口并进行端口转换，即端口地址转换。内部网络的所有主机均可共享一个合法外部IP地址实现对Internet的访问，从而可以最大限度地节约IP地址资源。同时，又可隐藏网络内部的所有主机，有效避免来自internet的攻击。因此，目前网络中应用最多的就是端口多路复用方式。

5.4 配置网络地址转换

5.4.1 静态NAT的配置

静态NAT，是建立内部本地地址和内部全局地址的一对一永久映射。静态NAT就显得十分重要。要配置静态NAT，在全局配置模式中执行以下命令。

```
Router (config)# ip nat inside source static local-address global-address
[permit-inside]
```

下面是命令参数的详细说明。

local-address：指本网络内部主机的IP地址，该地址通常是未注册的私有IP地址。

global-address：指内部本地地址在外部网络表现出的IP地址，它通常是注册的合法IP地址，是NAT对内部本地地址转换后的结果。

permit-inside：则内网的主机既能用本地地址访问，也能用全局地址访问该主机，否则只能用本地地址访问。

```
Router (config)# interface interface-type interface-number
                                                    //进入接口配置模式
Router (config-if)# ip nat inside                  //定义该接口连接内部网络
Router (config)# interface interface-type interface-number
                                                    //进入接口配置模式
Router (config-if)# ip nat outside                 //定义该接口连接外部网络
```

删除配置的静态 NAT 命令如下。

```
Router (config)#no ip nat inside source static local-address global-address
[permit-inside]
```

将内网地址 192.168.10.10、192.168.10.11 静态转换为合法的外部地址 61.159.62.131、61.159.62.132，以便访问外网或被外网访问，网络拓扑如图 5-4 所示。

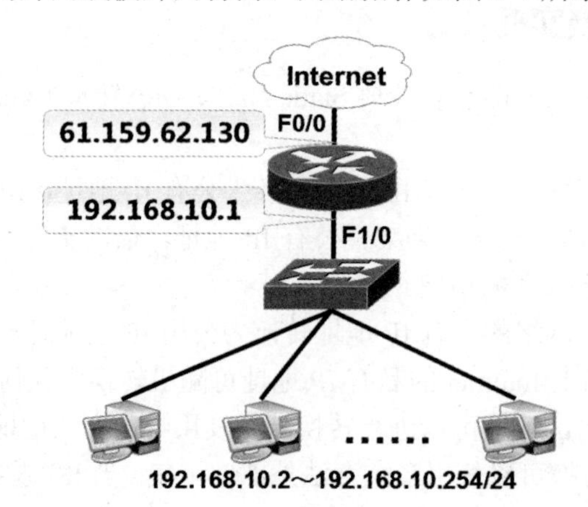

图 5-4 静态 NAT 网络拓扑

配置命令如下。

```
Router >enable
Router #configure terminal
Router (config)#ip nat inside source static 192.168.10.10 61.159.62.131
Router (config)#ip nat inside source static 192.168.10.11 61.159.62.132
Router (config)#interface f1/0
Router (config-if)#ip address 192.168.10.1 255.255.255.0
Router (config-if)#ip nat inside
Router (config-if)#no shutdown
Router (config-if)#interface f0/0
Router (config-if)#ip address 61.159.62.130 255.255.255.0
Router (config-if)#ip nat outside
Router (config-if)#no shutdown
Router (config-if)#end
Router(config)#ip route 0.0.0.0 0.0.0.0 61.159.62.129
Router#show ip nat translations
Pro  Inside global      Inside local       Outside local      Outside global
icmp 61.159.62.131:23  192.168.10.10:23  61.159.62.129:23  61.159.62.129:23
icmp 61.159.62.131:24  192.168.10.10:24  61.159.62.129:24  61.159.62.129:24
icmp 61.159.62.131:25  192.168.10.10:25  61.159.62.129:25  61.159.62.129:25
```

```
icmp 61.159.62.132:1   192.168.10.11:1    61.159.62.129:1   61.159.62.129:1
icmp 61.159.62.132:2   192.168.10.11:2    61.159.62.129:2   61.159.62.129:2
…  61.159.62.131      192.168.10.10      …                 …
…  61.159.62.132      192.168.10.11      …                 …
```

用 show ip nat translations 查看 NAT 转换条目，其中 Pro 代表协议，Inside global 代表内部全局地址，Inside local 代表内部局部地址，Outside local 代表外部局部地址，Outside global 代表外部全局地址；两条静态 NAT 条目永久存在。

5.4.2 动态 NAT 的配置

动态 NAT，是建立内部本地地址和内部全局地址池的临时映射关系，过一段时间没有用就会删除映射关系。要配置动态 NAT，在全局配置模式中执行以下命令。

```
Router(config)# ip nat pool address-pool start-address end-address {netmask
mask |prefix-length prefix-length}
```

这条命令是定义全局 IP 地址池。

```
Router(config)# access-list access-list-number permit ip-address wildcard
```

这条命令定义访问列表，只有匹配该列表的地址才可以转换。

```
Router(config)# ip nat inside source list access-list-number pool address-pool
```

这条命令定义内部源地址动态转换关系。

下面是命令参数的详细说明。

address-pool：地址池名字。在动态 NAT 配置命令中用这个名字引用地址池。

start-address：地址块起始 IP 地址。

end-address：地址块结束 IP 地址。

subnet-mask：地址块的子网掩码。

prefix-length：使用长度表示的掩码，是掩码的简化写法。

```
Router(config)#interface interface-type interface-number  //进入接口配置模式
Router(config-if)# ip nat inside                          //定义该接口连接内部网络
Router(config)#interface interface-type interface-number  //进入接口配置模式
Router (config-if)# ip nat outside                        //定义该接口连接外部网络
```

路由器内网 ip 地址为 192.168.10.1 到 192.168.10.254，公网 ip 地址为 61.167.156.1 到 61.167.156.4，通过完成动态 NAT 配置，使内网可以访问外网，网络拓扑如图 5-5 所示。

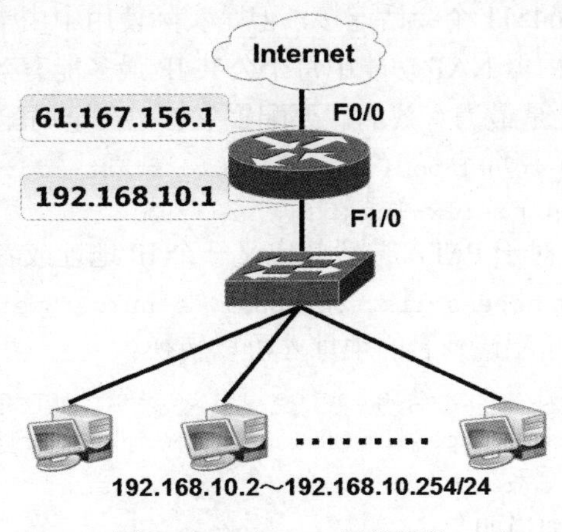

图 5-5 动态 NAT 网络拓扑

配置命令如下。

```
Router(config)#ip nat pool n 61.167.156.1 61.167.156.4 netmask 255.255.255.0
Router(config)#access-list 2 permit 192.168.10.0 0.0.0.255
Router(config)#ip nat inside source list 2 pool n
Router(config)#interface f1/0
Router(config-if)#ip address 192.168.10.1 255.255.255.0
Router(config-if)#ip nat inside
Router(config-if)#no shutdown
Router(config-if)#interface f0/0
Router(config-if)#ip address 61.167.156.1 255.255.255.0
Router(config-if)#ip nat outside
Router(config-if)#no shutdown
Router(config-if)#exit
Router(config)#ip route 0.0.0.0 0.0.0.0 61.167.156.5
Router#show ip nat translations
Pro  Inside global    Inside local       Outside local     Outside global
icmp 61.167.156.1:10  192.168.10.11:10   61.167.156.5:10   61.167.156.5:10
icmp 61.167.156.1:9   192.168.10.11:9    61.167.156.5:9    61.167.156.5:9
icmp 61.167.156.3:5   192.168.10.100:5   61.167.156.5:5    61.167.156.5:5
icmp 61.167.156.3:6   192.168.10.100:6   61.167.156.5:6    61.167.156.5:6
icmp 61.167.156.4:31  192.168.10.10:31   61.167.156.5:31   61.167.156.5:31
icmp 61.167.156.4:32  192.168.10.10:32   61.167.156.5:32   61.167.156.5:32
icmp 61.167.156.1:2   192.168.10.11:2    61.167.156.5:2    61.167.156.5:2
icmp 61.167.156.1:3   192.168.10.11:3    61.167.156.5:3    61.167.156.5:3
icmp 61.167.156.2:1   192.168.10.100:1   61.167.156.5:1    61.167.156.5:1
icmp 61.167.156.2:2   192.168.10.100:2   61.167.156.5:2    61.167.156.5:2
```

用 show ip nat translations 查看 NAT 转换条目，其中 Pro 代表协议，Inside global 代表内部全局地址，Inside local 代表内部局部地址，Outside local 代表外部局部地址，Outside global 代表外部全局地址；形成动态 NAT 条目每次都不一样，是随机产生的。

5.4.3 PAT 的配置

PAT 则是把内部地址映射到外部网络 IP 地址的不同端口上，从而可以实现多对一的映射。PAT 理论上可以同时支持 64511 个会话连接，但是实际使用中由于设备性能和物理连接特性是不能达到的，Cisco 的路由器 NAT 功能中每个公共 IP 最多能有效地支持大约 4000 个会话。另外 PAT 对于节省 IP 地址是最为有效的。要配置 PAT，在全局配置模式中执行以下命令。

```
Router(config)# ip nat pool address-pool start-address end-address {netmask mask |prefix-length prefix-length}
```

定义全局 IP 地址池，对于 PAT，一般就定义一个 IP 地址或者是多个地址的集合。

```
Router(config)# access-list access-list-number permit ip-address wildcard
```

定义访问列表，只有匹配该列表的地址才可以转换。

```
Router(config)# ip nat inside source list access-list-number {[pool address-pool] | [interfaceinterface-type interface-number]} overload
```

定义源地址动态转换关系。

下面是命令参数的详细说明。

address-pool：地址池名字。在 PAT 配置命令中用这个名字引用地址池。

start-address：地址块起始 IP 地址。

end-address：地址块结束 IP 地址。

subnet-mask：地址块的子网掩码。

prefix-length：使用长度表示的掩码，是掩码的简化写法。

access-list：定义访问控制列表。

access-list-number：访问控制列表的表号。它指定由哪个访问控制列表来定义源地址的规则。

interface-id：接口号。指定用该接口的 IP 地址作为内部全局地址。

overload：启用端口复用，使每个全局地址可以和多个本地地址建立映射，在多对一的 nat 转换中才会使用 overload。

```
Router(config)#interface interface-type interface-number //进入接口配置模式
Router(config-if)# ip nat inside                         //定义该接口连接内部网络
Router(config)#interface interface-type interface-number //进入接口配置模式
Router (config-if)# ip nat outside                       //定义该接口连接外部网络
```

内部网络使用的 IP 地址段为 192.168.100.1 到 192.168.100.254，路由器局域网端口（即默认网关）的 IP 地址为 192.168.100.1，子网掩码为 255.255.255.0。网络分配的合法 IP 地址范围为 61.167.156.1 到 61.167.156.2，路由器广域网中的 IP 地址为 61.167.156.1，子网掩码为 255.255.255.0，可用于转换的 IP 地址为 61.167.156.2。要求将内部网址 192.168.100.1 到 192.168.100.254 转换为合法 IP 地址 61.167.156.2。通过完成 PAT 配置，使内网可以访问外网，网络拓扑如图 5-6 所示。

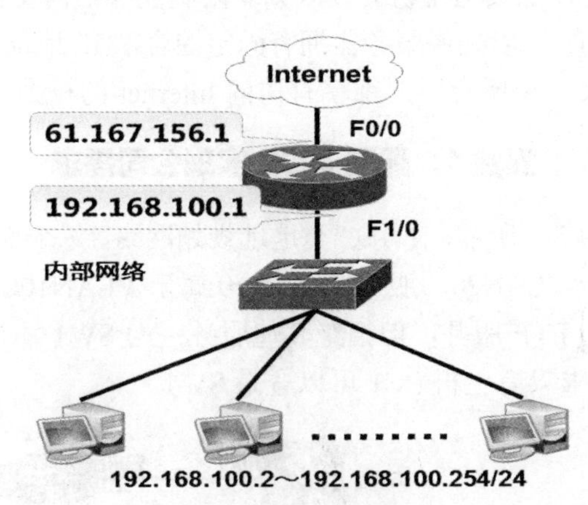

图 5-6　PAT 网络拓扑

配置命令如下：

```
Router(config)#ip nat pool x 61.167.156.2 61.167.156.2 netmask 255.255.255.0
Router(config)#access-list 2 permit 192.168.100.0 0.0.0.255
Router(config)#ip nat inside source list 2 pool x overload
Router(config)#interface f1/0
Router(config-if)#ip address 192.168.100.1 255.255.255.0
Router(config-if)#ip nat inside
Router(config-if)#no shutdown
```

```
Router(config-if)#interface f0/0
Router(config-if)#ip address 61.167.156.1 255.255.255.0
Router(config-if)#ip nat outside
Router(config-if)#no shutdown
Router(config-if)#end
Router(config)#ip route 0.0.0.0 0.0.0.0 61.167.156.5
Router#show ip nat translations
Pro  Inside global     Inside local        Outside local     Outside global
icmp 61.167.156.2:10  192.168.100.11:4   61.167.156.5:4  61.167.156.5:10
icmp 61.167.156.2:11  192.168.100.100:3  61.167.156.5:3  61.167.156.5:11
icmp 61.167.156.2:12  192.168.100.100:4  61.167.156.5:4  61.167.156.5:12
icmp 61.167.156.2:2   192.168.100.10:2   61.167.156.5:2  61.167.156.5:2
icmp 61.167.156.2:3   192.168.100.10:3   61.167.156.5:3  61.167.156.5:3
icmp 61.167.156.2:4   192.168.100.10:4   61.167.156.5:4  61.167.156.5:4
icmp 61.167.156.2:5   192.168.100.10:5   61.167.156.5:5  61.167.156.5:5
```

用 show ip nat translations 查看 NAT 转换条目，其中 Pro 代表协议，Inside global 代表内部全局地址，Inside local 代表内部局部地址，Outside local 代表外部局部地址，Outside global 代表外部全局地址；形成 PAT 条目每次都不一样，内部全局地址是一样的，端口号是随机产生的。

5.5 实验案例

某公司内部网络中的服务器既为网络内部的客户提供网络服务，又同时为 Internet 中的用户提供访问服务。因此，需要运用访问控制列表限制能够访问文件服务器的部门和人员；对服务器采用静态地址转换，以确保服务器拥有固定的合法 IP 地址。而对普通的客户计算机则采用端口复用地址转换，使所有用户都享有访问 Internet 的权力。

实验 1：配置 ACL 实现公司需求

某公司网络拓扑如图 5-7 所示，使用 C 类地址规划网络、每个部门使用一个 VLAN，PC0 属于 VLAN10，PC1 属于 VLAN20，服务器 Server0 属于 VLAN100。要求 VLAN 10 中所有主机都可以访问服务器的 FTP 服务，但拒绝其他服务；为 SW1 添加用户名和密码，用户名为 nyjj，密码为 xgx，要求只有主机 PC1 可以登录 SW1。

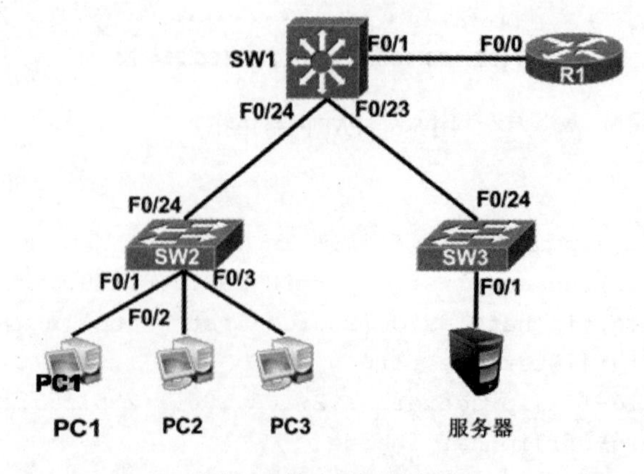

图 5-7 某公司网络拓扑

推荐步骤：

- 交换机上创建 VLAN；
- 各 VLAN 之间可以互相访问；
- 在 SW1 配置 ACL 实现 PC1 登录 SW1;实现 VLAN 10 中所有主机都可以访问服务器的 FTP 服务，但拒绝其他服务；
- 验证 ACL 正确性。

实验 2：配置 NAT 实现网络访问

公司网络拓扑如图 5-7 所示，Server0 为公司服务器，需要给局域网用户和外网用户提供服务，公司内部网络通过路由器进行 NAT 转换访问 internet。

推荐步骤：

- 配置路由实现内部网络互通。
- 公司内部服务器 192.168.20.20 采用静态 NAT 转换为 61.167.156.100。
- 将内部网络地址 192.168.30.0/24 和 192.168.40.0/24 采用 PAT 转换为合法的外部地址 61.167.156.1 到 61.167.156.4。
- 验证配置的正确性。

✧ 思考题

- 简述扩展访问控制列表与标准访问控制列表的区别。
- 简述命名访问控制列表的优势。
- 简述如何删除命名列表中的条目。
- 企业为什么会在网络边界配置 NAT？
- 静态 NAT、动态 NAT、PAT 各有何区别？

部署 Windows 域环境

学习目标

- 理解域和活动目录的概念;
- 会创建 Windows Server 域;
- 会将计算机加入域;
- 会管理域用户账户、组、组织单位。

6.1 域和活动目录

在小型网络中，管理员通常单独管理每一台计算机，每台计算机都是一个独立的管理单元。例如，在每台计算机中都需要为访问它的用户创建用户账户。但当网络规模扩大到一定程度后，相同的工作就要重复很多遍。此时可以将网络中的多台计算机逻辑上组织在一起，将其视为一个整体，进行集中管理，这种网络环境就是 Windows 域（Domain）。

6.1.1 域和活动目录的概念

要创建 Windows 域，首先必须理解活动目录的概念，域与活动目录密不可分。

1．活动目录（Active Directory）

目录能够帮助人们很容易并且迅速地搜索到所需要的数据，这里所说的目录不是一个普通的文件目录，而是一个目录数据库，它存储着整个 Windows 网络中的用户账号、组、计算机、共享文件夹等对象的相关信息。目录数据库使整个 Windows 网络中配置信息集中存储，使管理员集中管理信息。

活动目录是一种服务，目录数据库所存储的信息都是经过整理的、有组织的、结构化的信息数据，这使得用户可以非常方便、快捷地找到所需数据，也可以方便地对活动目录中的数据执行添加、删除、修改、查询等操作。活动目录具有以下特点。

（1）集中管理　活动目录集中组织和管理网络中的资源信息，好比图书馆的图书目录，图书目录存放了图书馆所有图书信息，便于管理。通过活动目录可以方便地管理各种网络资源。

（2）便捷的网络资源访问　活动目录允许用户一次登录网络就可以访问网络中所有该用户有权限访问的资源。并且，用户访问网络资源时不必知道资源所在的物理位置。活动目录能够快速、方便地查找网络资源。

（3）可扩展性 活动目录具有强大的可扩展性，它可以随着公司或组织规模的增长而扩展，能从一个网络对象较少的小型网络环境发展成大型网络环境。

2．域和域控制器

域是活动目录的实现方式，也是活动目录最核心的管理单位。一个域由域控制器和成员计算机组成，域控制器就是安装了活动目录服务的一台计算机。通过加入域，可以将一组计算机作为一个管理单位，域管理员可以实现对整个域的管理和控制。例如，为用户创建域用户账号，使他们可以登录域并访问域资源，控制用户什么时间在什么地点登录，能否登录，登录后能够执行哪些操作等。

6.1.2 域结构

规划域结构时应该从单域开始，这是最容易管理的域结构，只有在单域模式不能满足用户需求时，才增加域。

1．单域

如果网络中只创建了一个域，称之为单域，单域模式的网络结构如图6-1所示。

2．域树

当需要配置一个包含多个域的网络时，需要将网络配置成域树结构。域树是一种树形结构，是具有多个连续名称空间的多个域。如图6-2所示的域树中，最上层的域名为td.com，是这个域树的根域，也称父域。下面的两个域bj.td.com和sh.td.com是td.com域的子域，3个域共同构成了这个域树。

图6-1 单域

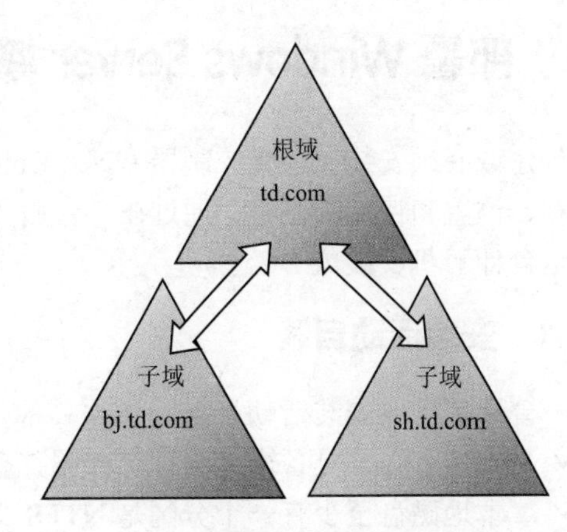

图6-2 域树

活动目录的域名遵循DNS域名的命名规则。在如图6-2所示的域树中，两个子域的域名中包含父域的域名，它们的名称空间是连续的，这也是判断两个域是否属于同一个域树的有效方法。

在整个域树中，所有域共享一个活动目录，这个活动目录分散地存储在不同的域中，每个域只负责存储和本域有关的数据，整体上形成一个大的分布式活动目录数据库。在配置一个较大规模的企业网时，可以配置为域树结构，总公司的网络配置为根域，各分公司的网络配置为子域，整体上形成一个域树，实现集中管理。

3．域林

如果网络的规模超大，甚至包含了多个域树，这时可以将网络配置为林结构，也叫域林。

域林是由一个或多个没有形成连续名称空间的域树组成，林中的每个域树都有唯一的命名空间，它们之间不是连续的，如图 6-3 所示。

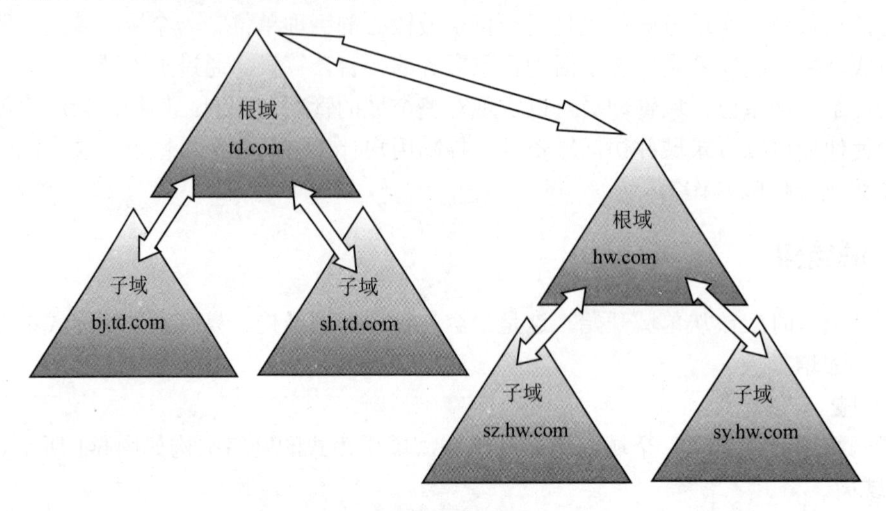

图 6-3　域林

在创建域林时，组成林的两个域树的树根之间会自动创建相互传递的信任关系。正是因为有了双向的信任关系，使林中和每个域中的用户都可以访问其他域的资源，也可以从其他域登录到本域中。

6.2　部署 Windows Server 域

创建域必须安装一台域控制器（DC，Domain Controller），DC 上存储着域中的资源信息，如名称、位置和特性描述等。通过在一台服务器上安装活动目录(AD，Active Directory)，就会将这台计算机安装成 DC。

6.2.1　安装活动目录

一台计算机要安装活动目录，必须具备以下几个条件：

✓　安装者必须具备本地管理员权限，普通用户不能安装活动目录；

✓　本地磁盘至少有一个分区是 NTFS 文件系统；

✓　配置静态的 TCP/IP 参数；

✓　操作系统版本必须满足条件。Windows Server 2008 家族中除了 Web 版外，其他都可以安装；

✓　有相应的 DNS 服务器支持；

✓　有足够的可用磁盘空间。

当一台 Windows Server 2008 服务器满足成为 DC 的所有条件，就可以创建活动目录，步骤如下：

① 使用管理员账户（Administrator）登录后，运行 dcpromo 命令，稍后会打开“Active Directory 域服务安装向导”，如图 6-4 所示。单击“下一步”按钮，出现阅读操作系统兼容性说明，在此页面单击“下一步”按钮。

② 在“选择某一部署配置”页面中，选择“在新林中新建域”单选按钮，如图6-5所示单击“下一步”按钮。

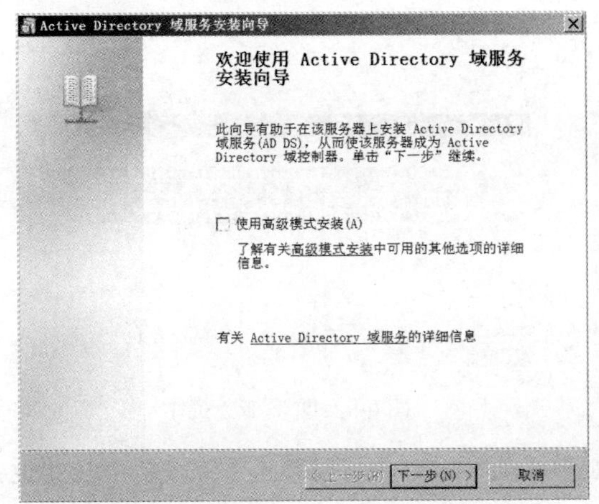

图6-4　Active Directory 域服务安装向导

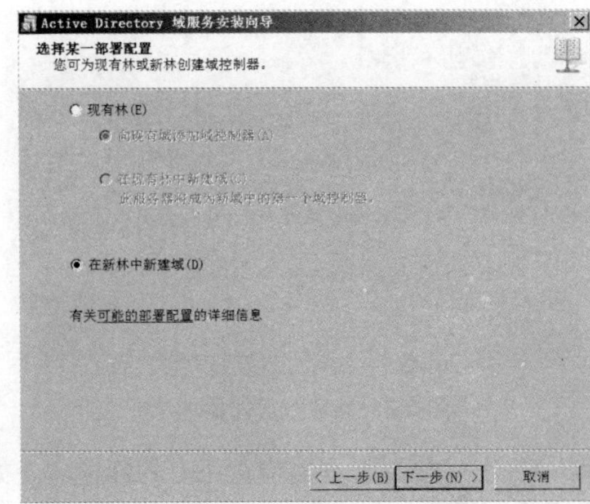

图6-5　选择某一部署配置

③ 在“命名林根域”页面中输入域名（该例为tengda.com），如图6-6所示，单击“下一步”按钮。

④ 在“设置林功能级别”页面中选择林功能级别为“Windows Server 2008”，如图6-7所示，单击“下一步”按钮。在设置“域功能级别”页面中选择域功能级别为“Windows Server 2008”，单击“下一步”按钮。

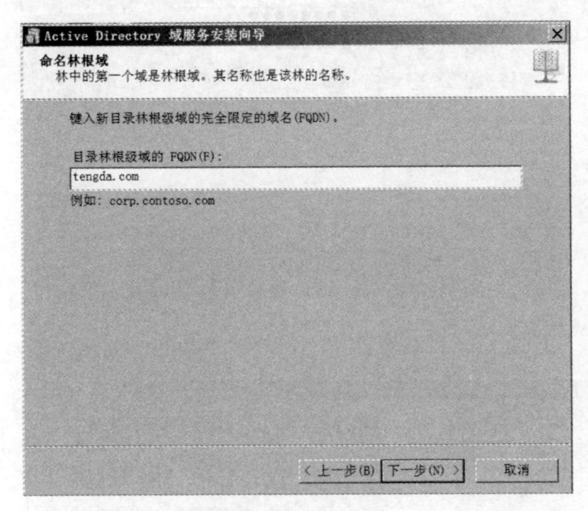

图6-6　命名林根域

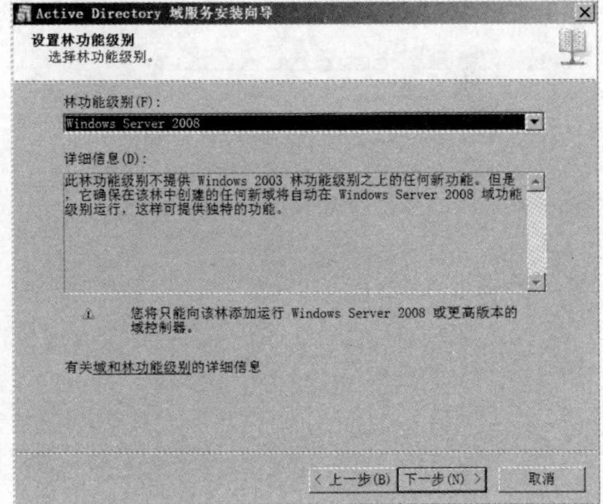

图6-7　设置林功能级别

⑤ 在“其他域控制器选项”页面选择“DNS服务器”，如图6-8所示，单击“下一步”按钮，在接下来出现的对话框中选择“是”，如图6-9所示，会在此服务器上安装DNS服务。

⑥ 在“数据库、日志文件和SYSVOL的位置”页面中接受默认的位置，单击“下一步”按钮，如图6-10所示。

⑦ 在“目录服务还原模式的Administrator密码”页面中输入并确认一个符合复杂要求的密码，单击“下一步”按钮，如图6-11所示。此密码在还原时使用，无需与当前Administrator账户的登录密码一致。

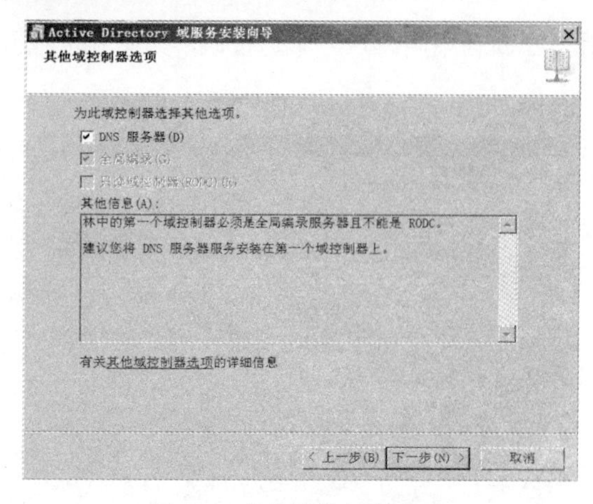

图 6-8　其他域控制器选项

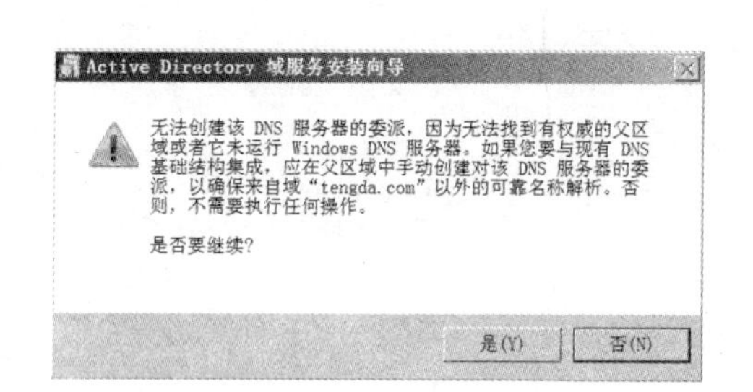

图 6-9　DNS 服务提示

⑧ 在“摘要”页面检查所有的配置项，如果某项不正确，可以单击“上一步”按钮返回修改。如果没有问题，单击“下一步”按钮。

⑨ 开始安装和配置 Active Directory，如图 6-12 所示。安装完成后，在如图 6-13 的页面单击“完成”按钮，按照提示需要重新启动服务器。

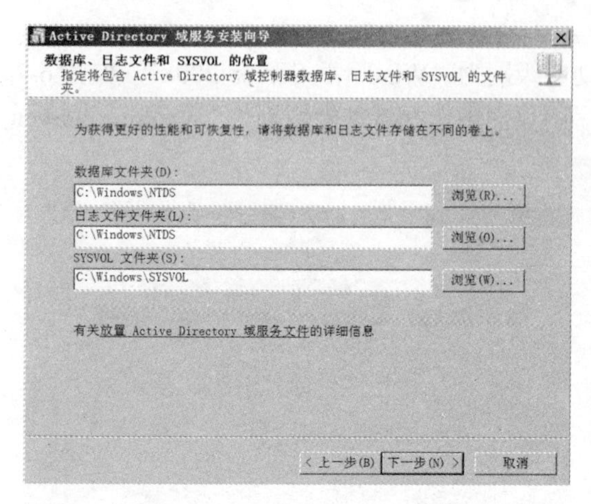

图 6-10　数据库、日志文件和 SYSVOL 的位置

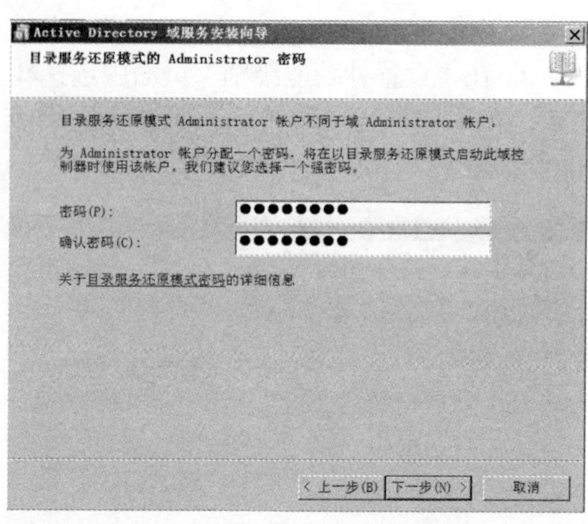

图 6-11　目录服务还原模式的 Administrator 密码

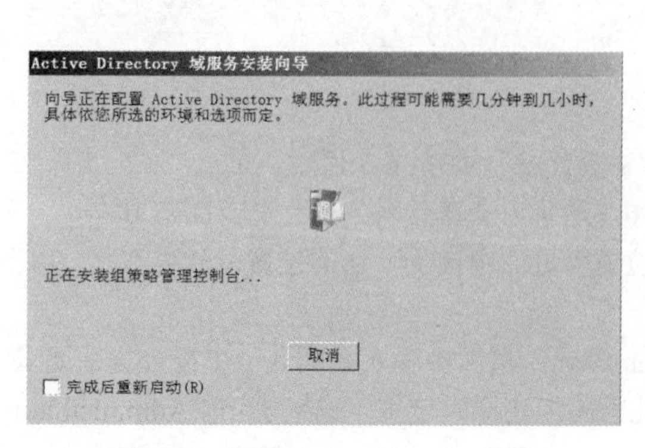

图 6-12　配置 Active Directory 服务

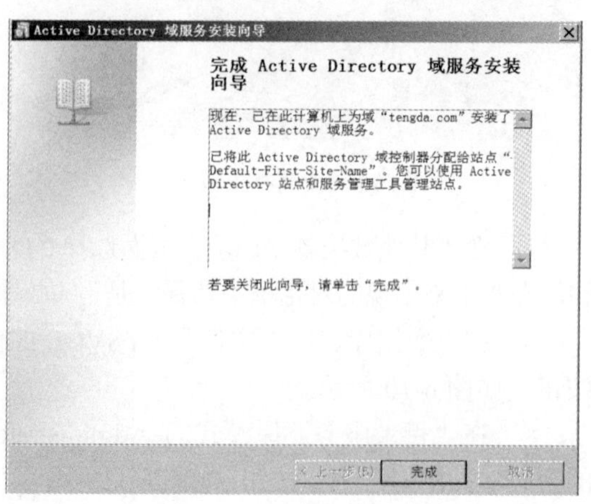

图 6-13　完成安装

当活动目录安装完成后，此计算机升级成为域 tengda.com 的域控制器，该计算机上的本地用户自动升级为域用户。

6.2.2　计算机加入域

在安装活动目录之后，需要将网络中其他服务器和计算机加入到域，这样才能进行集中管理。用户必须在客户机上拥有管理权限才能将其加入域中。

一台计算机要加入域，必须满足以下两个条件：

✓　确保此计算机和域控制器网络相互联通；

✓　配置正确的 DNS 地址（本例中 DNS 服务器即域控制器，所以 DNS 服务器地址为域控制器的 IP 地址）。

将客户机加入域的步骤如下。

① 打开计算机属性对话框，单击“更改设置”按钮，打开“系统属性”对话框，如图 6-14 所示。

② 在“计算机名”选项卡单击“更改”按钮，打开如图 6-15 所示的“计算机名/域更改”对话框，在“隶属于”选项中选择“域”并输入域名“tengda.com”，单击“确定”按钮。

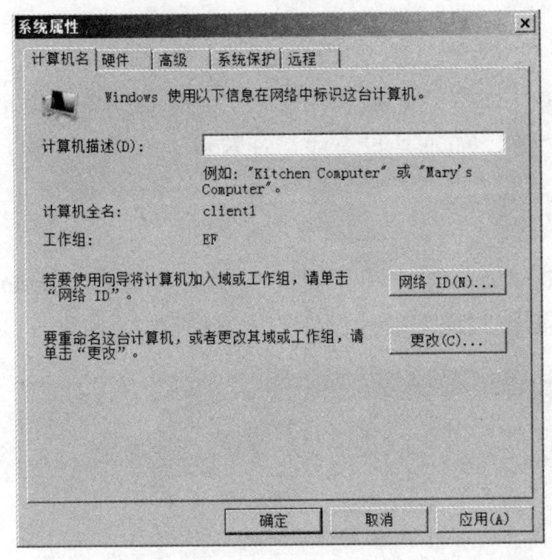

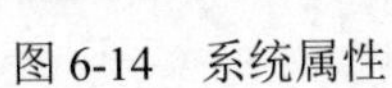

图 6-14　系统属性

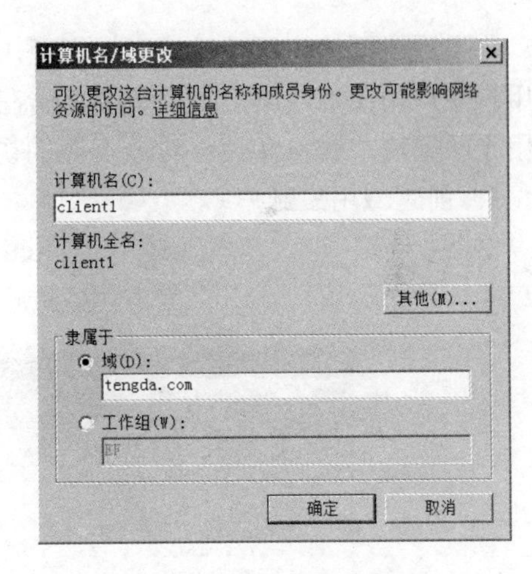

图 6-15　计算机名/域更改

③ 在“Windows 安全”对话框中输入域用户的账户和密码，单击“确定”按钮，如图 6-16 所示。

④ 出现成功加入域的提示，如图 6-17 所示，单击“确定”按钮，然后重新启动计算机，此计算机已加入域。

注意

如果降级域控制器，即删除活动目录，域控制器将变为普通的服务器，运行 dcpromo 命令，按照提示完成删除。操作过程中系统会提示当前域控制器是否为此域的最后一台域控制器，还会提示输入降级以后普通服务器的管理员账户、密码。

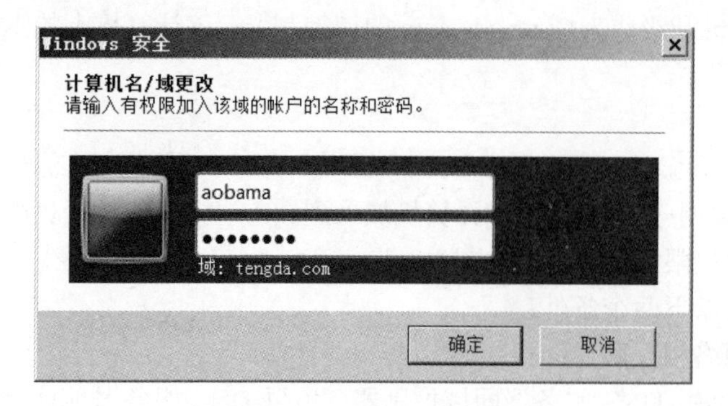

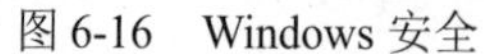
图 6-16　Windows 安全

图 6-17　加入域提示

6.3　域用户和组管理

域控制器安装完成后，可以对用户、组等活动目录对象进行创建、修改、删除等操作，实现对整个域的管理和控制。

6.3.1　域用户账户管理

如果用户要访问活动目录网络资源，需要一个合法的域用户账户。与工作组环境中的本地用户账户相比，域用户账户集中存储在 DC 上，而不是每台成员计算机上。域用户账户主要用于验证用户身份和授权对域资源的访问。

1．创建域用户账户

单击“开始”→“管理工具”→“Active Directory 用户和计算机”，打开“Active Directory 用户和计算机”窗口，右键单击“Users”，选择“新建”→“用户”，如图 6-18 所示。

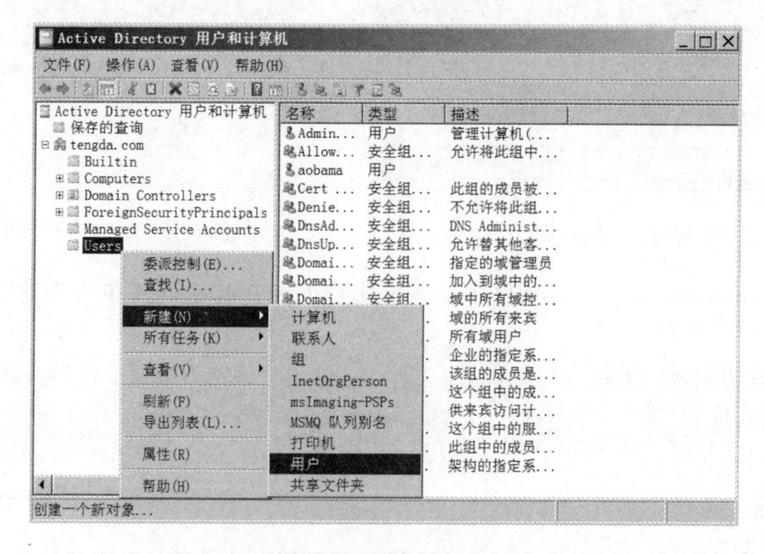

图 6-18　新建域用户

在“新建对象-用户”对话框输入用户姓名、登录名等相关信息，如图 6-19 所示，单击“下一步”按钮，输入并确认用户密码，如图 6-20 所示。

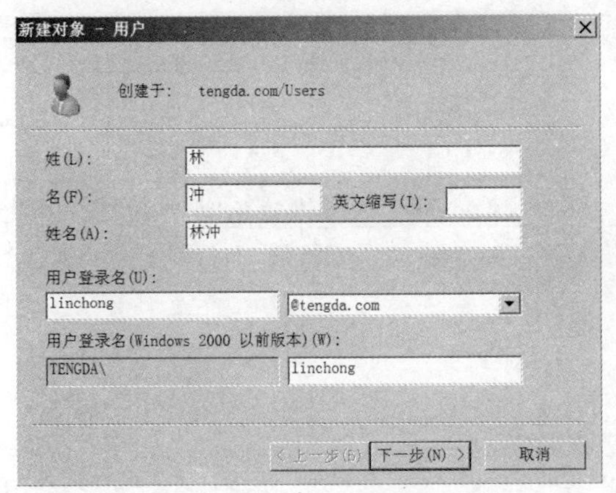

图 6-19　输入用户信息

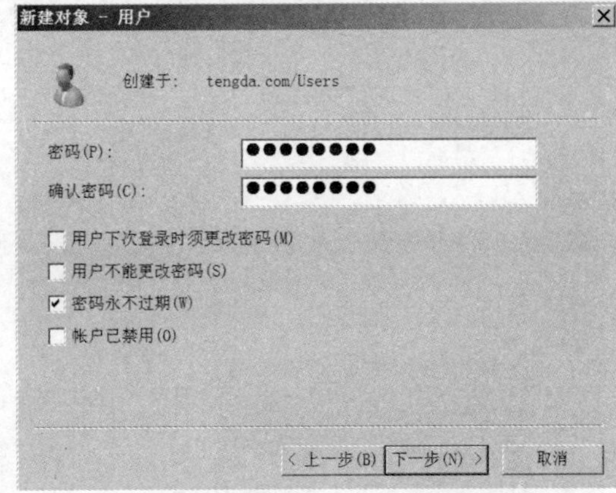

图 6-20　输入并确认密码

当用户创建完成后，可以使用域用户账户从任意一台已经加入到域的计算机登录，在登录窗口中单击“切换用户”按钮，再点击“其他用户”，在如图 6-21 所示的登录窗口输入域用户账户名、密码登录，也可以在登录窗口直接输入“域名\用户账户”、密码登录到域。

2．配置域用户账户属性

域用户账户属性比本地用户属性复杂，可以通过双击用户账户的方式或右键单击用户账户选择“属性”来修改或设置属性，如图 6-22 所示。

图 6-21　登录到域

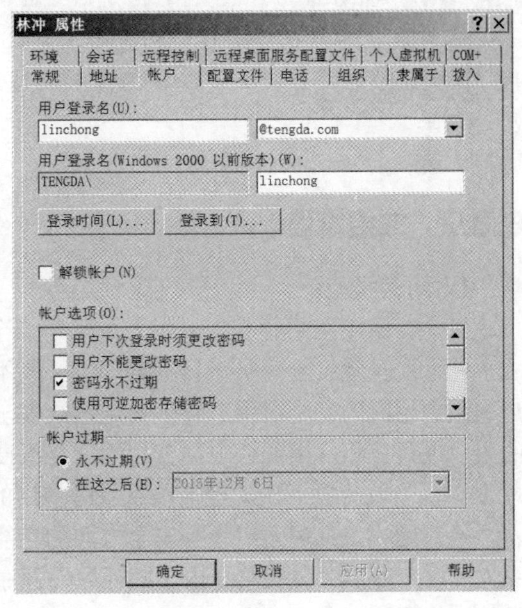

图 6-22　账户属性

✓　登录时间：用来限制用户登录到域的时间，可以在某些时间段内禁止用户使用域账户登录网络，例如，将用户账户设置为只有周一至周五可以登录，如图 6-23 所示。

✓　登录到：定义了用户可以登录的计算机范围列表，可选择允许用户账户从所有的计算机上登录，或限定用户只能在列表中的计算机上登录，以此来限制用户账户的登录位置，如图 6-24 所示。

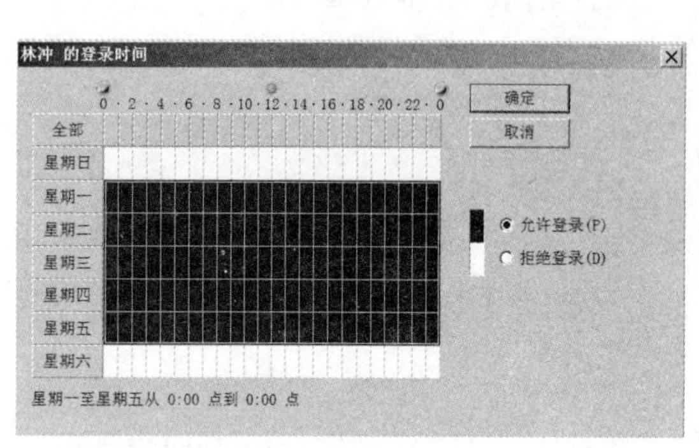

图 6-23 登录时间

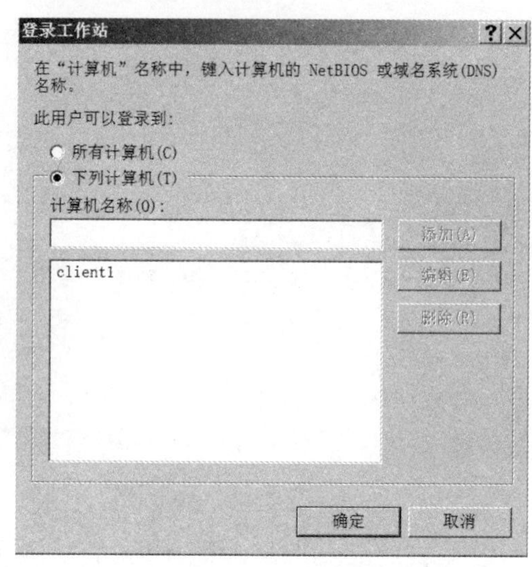

图 6-24 登录位置

✓ 账户过期：规定了用户账户是否存在使用过期限制，如果存在过期限制，就要设定过期时间。过期的账户不能再登录本网络的系统，如图 6-22 所示。

注意

域用户在客户机登录后，相当于客户机本地组 Users 的成员，很多操作都没有权限执行，例如设置共享。因此可以根据需求把域用户加入本地其他的系统内置组中，以提升用户的权限。

6.3.2 域组管理

1．组的类型

活动目录中有两种类型的组，分别是安全组和通讯组。如图 6-25 所示。

✓ 安全组：管理员在日常管理中一般不单独为用户账户设置访问权限，而是将用户账户加入到相应的安全组中。管理员通过给安全组设置访问资源的权限，而使得安全组所包含的用户也具有相应用的权限。使用为安全组授权而不是单独为用户授权可简化网络维护和管理工作。一般情况下，管理活动目录时使用的都是安全组。

✓ 通讯组：通讯组没有安全方面的功能，只能用作电子邮件的通信，其中可以包含联系人和用户账户。只有结合电子邮件应用程序（如 Exchange）时，才使用通讯组将电子邮件发给一组用户。

2．组的作用域

在创建组时，有三种作用域可以选择，分别是本地域、全局和通用。作用域用来确定组的使用范围，如图 6-25 所示。

✓ 本地域组：使用范围是本域，通常针对本域的资源创建本地域组。

✓ 全局组：使用范围是整个林以及信任域，通常使用全局组来管理需要进行日常维护的目录对象，如用户账户和计算机账户。

✓　通用组：使用范围是整个林以及信任域，与全局组相似。在多域环境中，通用组成员的身份信息存储在全局编录中，而全局组成员身份信息存储在每个域中。所以通用组成员登录或者查询速度比全局组速度快。

双击已创建的域组或右键单击组名选择“属性”，在打开的组属性对话框中可修改组信息、添加组成员、所属关系等，如图 6-26 所示。

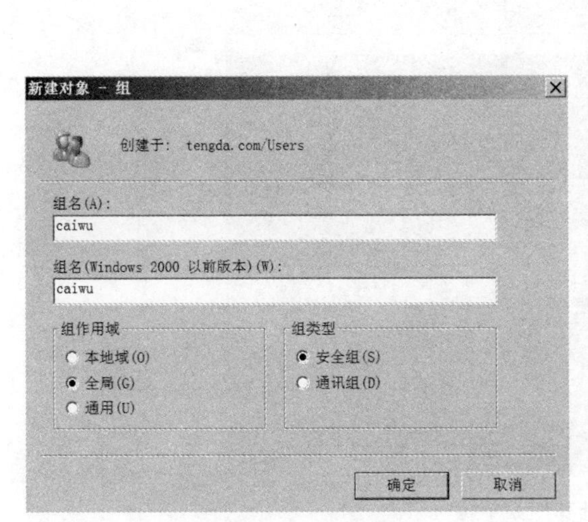

图 6-25　新建组

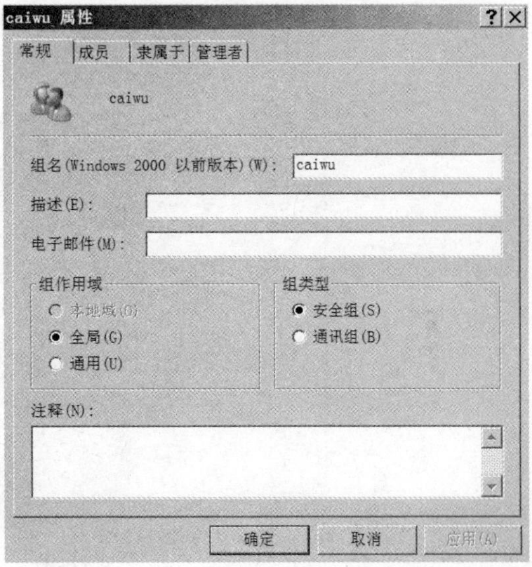

图 6-26　组的属性

6.4　组织单位管理

一个域中有多个用户账户、组、计算机账户、共享文件夹、打印机等对象，要管理好这些对象非常耗费人力。域中的组织单位（OU，Organizational Unit）提供了一种解决方案，可以将这些对象采用逻辑的等级结构组织起来，方便管理。

OU 是 Active Directory 中的容器，可以放置用户、组、计算机和其他 OU 等对象，但不能包含来自其他域中的对象。为了有效地组织活动目录对象，可根据公司的组织机构或布局来创建不同的 OU 层次结构。常见的 OU 设计方式如下。

✓　基于部门的 OU：为了和公司组织机构相同，OU 可以基于公司内部的各种各样的功能部门创建，如财务部、销售部、工程部等。

✓　基于地理位置的 OU：基于每一个地理位置创建 OU，如北京、上海、深圳等。

✓　基于对象类型的 OU：在活动目录中，将各种对象分类，为每一类对象建立 OU，如用户、计算机、打印机、共享文件夹等，这种层次结构的 OU 使管理员可以快速定位到需要管理的对象。

OU 的设计也可以是混合的。例如，可以先在域中创建部门 OU 为“财务部”，然后在“财务部”OU 下创建“用户”OU 和“计算机”OU 两个子 OU，在“用户”OU 中存放本部门所有的用户账号，在“计算机”OU 中存放本部门所有的计算机账户。

在活动目录中默认已经建立了一个名称为 Domain Controllers 的 OU，用于存放域控制器。

6.4.1 创建组织单位

打开“Active Directory 用户和计算机”窗口，右键单击域名“tengda.com”，选择“新建”→“组织单位”，输入组织单位名称，如图 6-27 所示，单击“确定”按钮。OU 的图标与其他容器的图标略有不同。

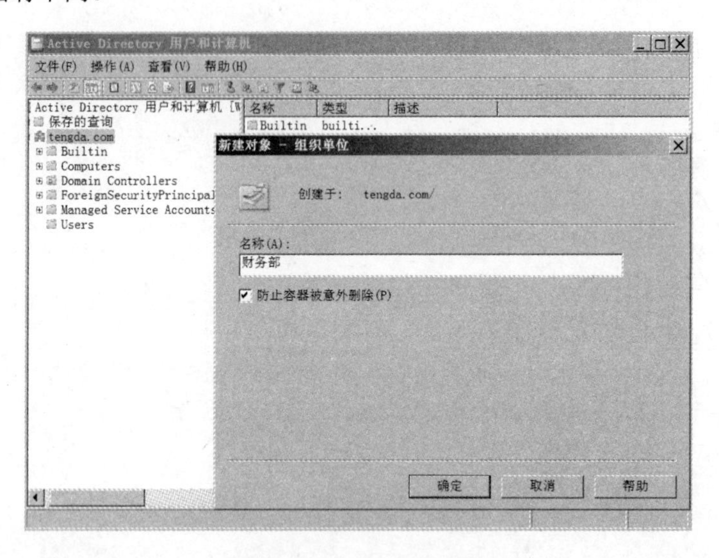

图 6-27 新建组织单位

创建好 OU 后就可以在 OU 下创建其他活动目录对象，或者将现有的活目录对象移动到 OU 中，例如，某员工调往了财务部，现在需要把他的账户移动到“财务部”OU 中，右键单击该账户，在弹出的快捷菜单中选择“移动”命令，在“将对象移到容器”页面选择“财务部”，如图 6-28 所示，单击“确定”按钮。

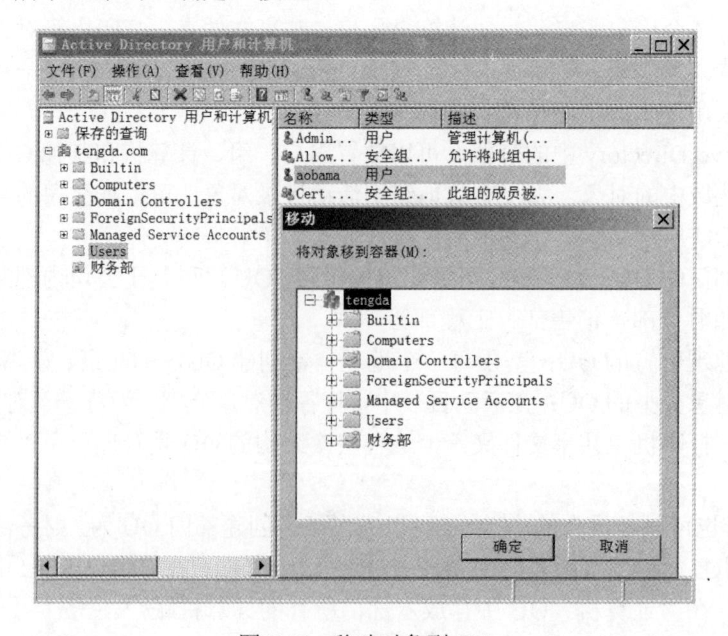

图 6-28 移动对象到 OU

6.4.2　删除组织单位

已经创建好的OU不再需要了，可以将其删除。要删除图6-27中的“财务部”OU，可以右键单击此OU，在弹出的快捷菜单中选择“删除”，提示是否确定删除操作，选择“确定”后出现如图6-29的警告，提示无法删除此OU。原因是在创建OU的时候，系统默认选中了“防止容器被意外删除”，如图6-27所示，所以无法删除此OU，这个选项可以防止OU被误删除。删除OU的步骤如下。

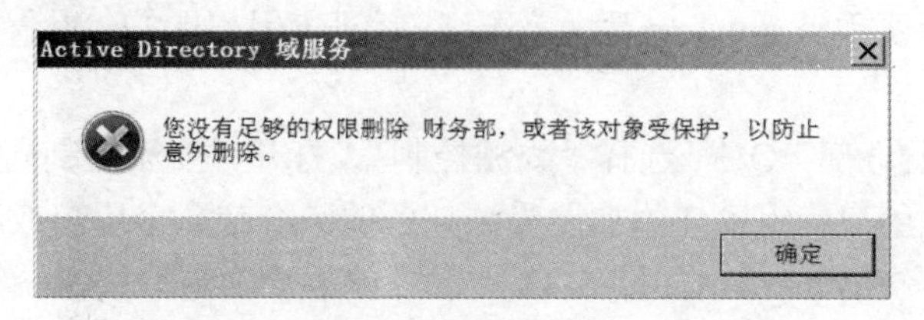

图6-29　警告

① 在“Active Directory用户和计算机”窗口，打开“查看”菜单，选择“高级功能”选项，如图6-30所示。

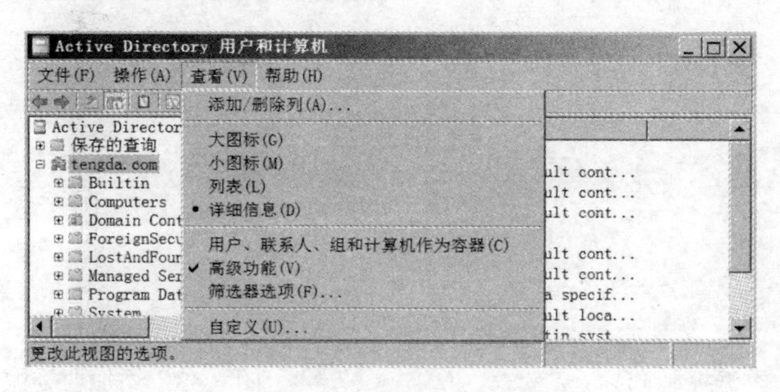

图6-30　高级功能

② 右键单击“财务部”OU，在弹出的快捷菜单中选择“属性”，打开OU属性对话框，选择“对象”选项卡，取消选中“防止对象被意外删除”选项，如图6-31所示，单击“确定”按钮。

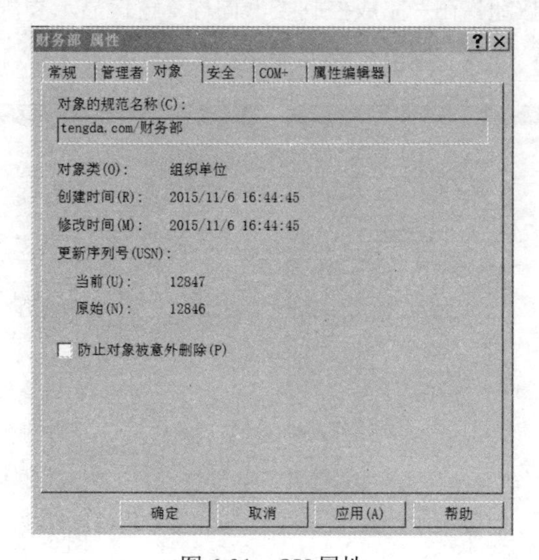

图6-31　OU属性

③ 右键单击“财务部”OU，在弹出的快捷菜单中选择“删除”，此 OU 即被成功删除。

6.4.3 组织单位的委派

利用 OU 不但可以有效地组织活动目录对象，还可以为适当的用户和组指派一定范围的管理任务，从而减轻管理员的工作负担。假设腾达公司有五个部门：人事部、销售部、财务部、技术部、行政部，管理员按部门来创建 OU 用以管理用户账户和组。aobama 是财务部成员，管理员要委派 aobama 为本部门员工创建用户账户、重置本部门员工的密码。步骤如下：

① 右键单击“财务部”OU，选择“委派控制”，打开“委派控制向导”窗口。单击“下一步”按钮，在添加用户或组窗口添加要委派任务的一个或多个用户或组，如图 6-32 所示，添加要委派任务的账户 aobama，如图 6-33 所示，单击“确定”按钮。

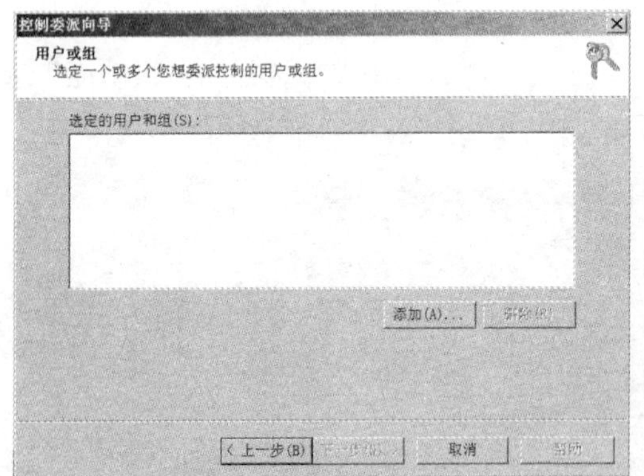

图 6-32　委派控制向导

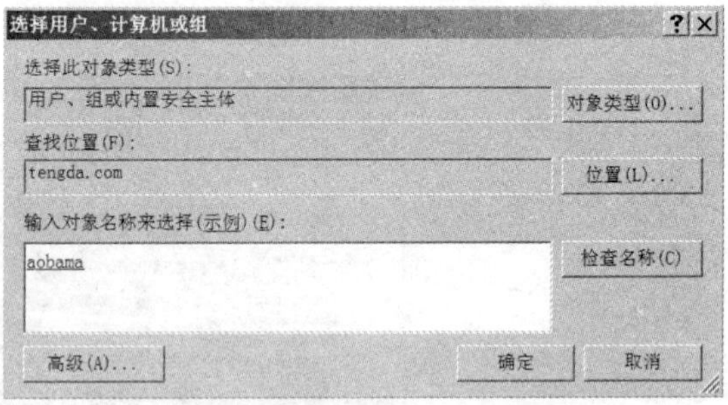

图 6-33　添加要委派任务的账户

② 回到“委派控制向导”窗口，单击“下一步”按钮，选择要委派的任务“创建、删除和管理用户账户”、“重置用户密码并强制在下次登录时更改密码”，如图 6-34 所示。

③ 单击“下一步”按钮，在“完成控制委派向导”窗口显示委派的全部内容，如图 6-35 所示。确认无误后单击“完成”按钮，完成委派。

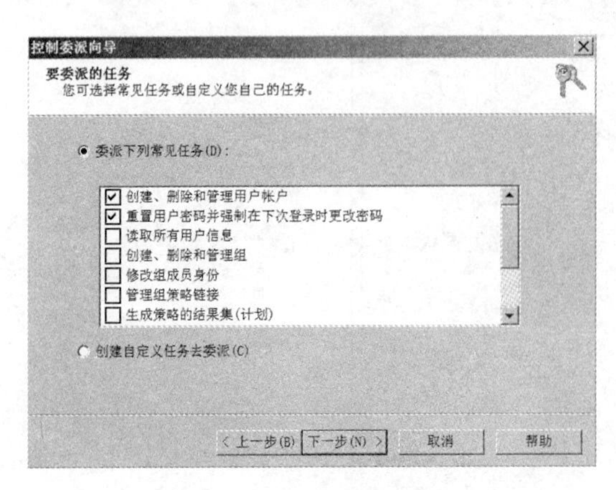

图 6-34　选择委派任务

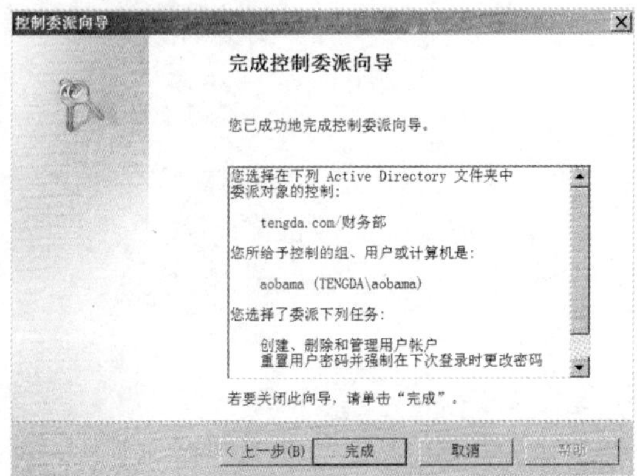

图 6-35　完成委派

6.5 组策略

组策略是管理员为计算机和用户定义的用来控制应用程序、系统设置和管理模板的一种机制。简单来说就是介于控制面板和注册表之间的一种修改系统、设置程序的工具。利用组策略可以修改Windows系统的桌面、开始菜单、IE浏览器以及其他组件等许多设置。

通过在域中实施组策略，管理员可以方便地管理Active Directory中所有用户和计算机的工作环境，如用户桌面环境、计算机启动/关闭与用户登录/注销时所运行的脚本文件、软件安装、安全设置等。组策略能提高管理员管理和控制用户和计算机的能力，具体表现在以下几个方面。

✓ 减少布置用户和计算机环境的工作量，只需设置一次，相应的用户或计算机即全部应用设置。

✓ 减少用户错误配置环境的可能性。

✓ 可以针对特定对象实施特定策略。

6.5.1 组策略结构

组策略的所有配置信息都存放在组策略对象（GPO，Group Policy Object）中，组策略被视为Active Directory中的特殊对象，可以将GPO和活动目录容器链接起来，以影响容器中的用户和计算机。组策略是通过GPO来进行管理的。

1．默认GPO

当域创建完成后，默认有两个GPO，一个是Default Domain Policy（默认域策略），另一个是Default Domain Controller Policy（默认域控制器策略）。选择“开始”→“管理工具”→“组策略管理”，打开“组策略管理”控制台，展开左侧窗口中的各个节点，找到“组策略对象”，打开后可以看到两个默认的GPO，如图6-36所示。默认的域策略影响域中所有的用户和计算机，默认的域控制器策略影响组织单位“Domain Controllers”中所有的用户和计算机，默认的GPO不能随意更改，更改后会影响到系统的正常运行。

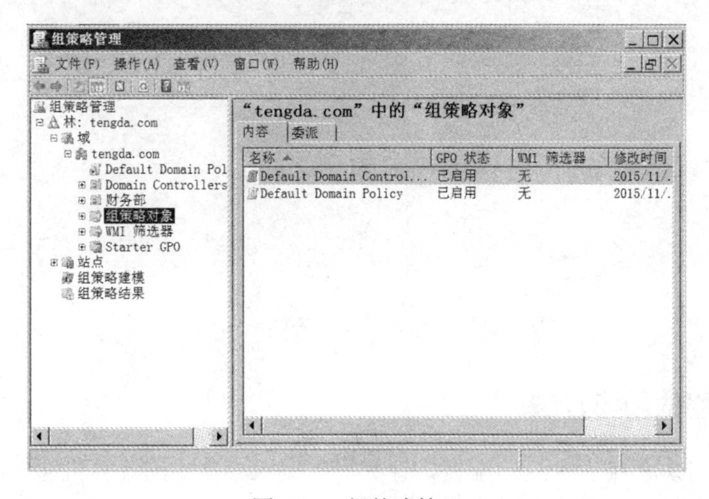

图6-36 组策略管理

2．GPO 链接

GPO 用来保存组策略，必须指定 GPO 所链接的对象，才能将组策略应用到指定的对象。GPO 只能链接到 Active Directory 的站点、域或组织单位。此站点、域、组织单位统称为 SDOU（Site、Domain、Organizational Unit），即活动目录容器，容器中包含的用户和计算机会受到组策略的控制。

单击组策略对象中的“Default Domain Controller Policy”，在右侧窗口中可以看到该 GPO 已经链接到了组织单位“Domain Controllers”，如图 6-37 所示。

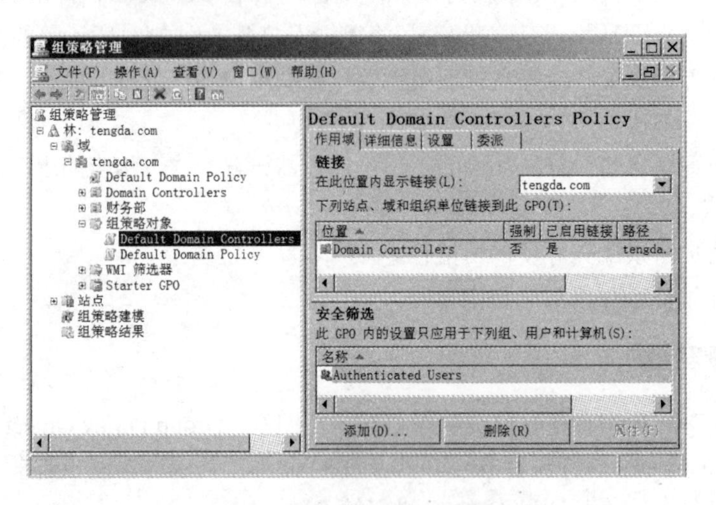

图 6-37　默认域控制器策略

单击组策略对象中的“Default Domain Policy”，在右侧窗口中可以看到该 GPO 已经链接到了域（tengda.com），如图 6-38 所示。

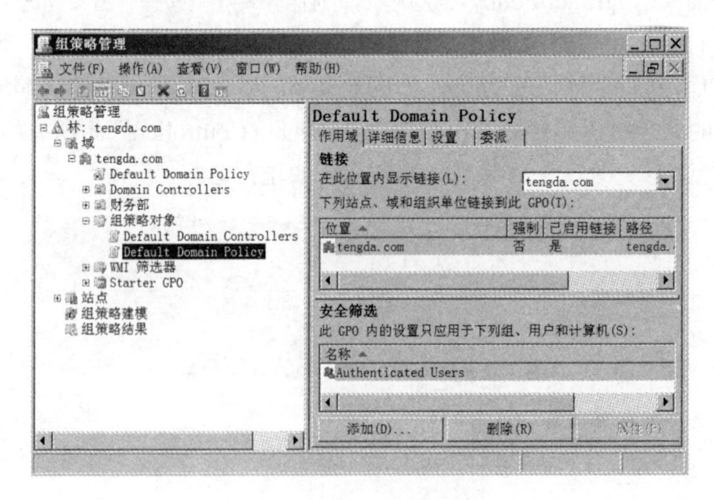

图 6-38　默认域策略

6.5.2　组策略的创建方法

组策略包含计算机配置和用户配置，计算机配置对容器中的计算机起作用，用户配置对容器中的用户起作用。

1．计算机配置

计算机配置包括策略和首选项两个部分。配置这些策略后，容器中所有的计算机都会受其影响。策略中主要包括软件设置、Windows设置和管理模板三部分。

软件设置：该文件夹中包含“软件安装”，可以在此为计算机安装软件。

Windows设置：包括脚本（启动/关机）、安全设置、基于策略的QoS三个子项。脚本可以在计算机启动或关机时运行，以执行特殊的程序和任务。

管理模板：管理模板包括Windows组件、打印机、控制面板、网络、系统和所有设置六个部分。

以腾达公司为例，财务部员工的用户账户和计算机都位于“财务部”OU，现在公司要求用户在登录财务部的计算机时能够显示信息，让用户在登录前阅读财务部计算机使用规范，实现步骤如下。

① 用域管理员账户登录DC，打开“策略管理”控制台。右键单击“财务部”OU选择“在这个域中创建GPO并在此处链接”，如图6-39所示。

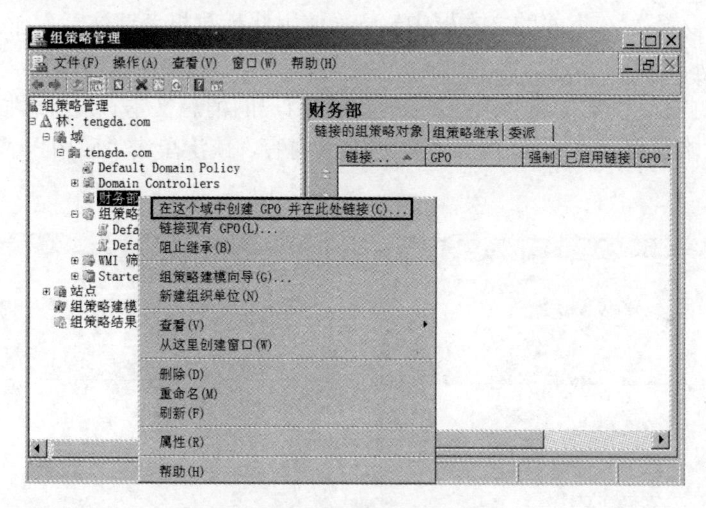

图6-39　创建并链接GPO

② 在弹出的“新建GPO”对话框中输入GPO的名称为“财务部GPO”，单击“确定”按钮，如图6-40所示。

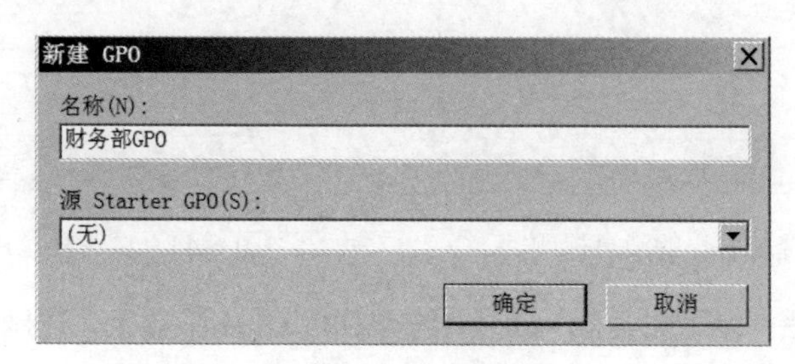

图6-40　新建GPO

③ 右键单击“销售部GPO”，选择“编辑”，打开“组策略管理编辑器”窗口，展开“计算机配置”→“策略”→“Windows设置”→“安全设置”→“本地策略”→“安全选项”，如图6-41所示。

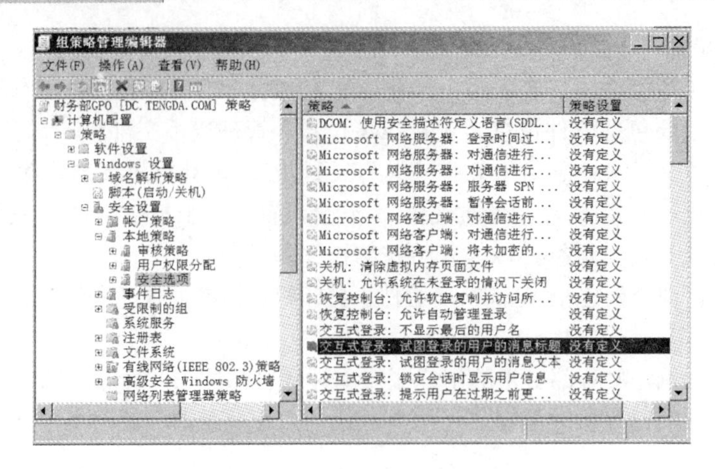

图 6-41 组策略管理编辑器

④ 双击右侧窗口的“交互式登录：试图登录的用户的消息标题”，打开属性对话框，选择“定义此策略设置”，在下面的文本框中输入“使用此计算机者请注意”，依次单击“应用”、“确定”按钮，如图 6-42 所示。

⑤ 双击右侧窗口“交互式登录：试图登录的用户的消息文本”，在属性对话框选择“在模板中定义此策略设置”，在下面的文本框中输入内容，依次单击“应用”、“确定”按钮，如图 6-43 所示。

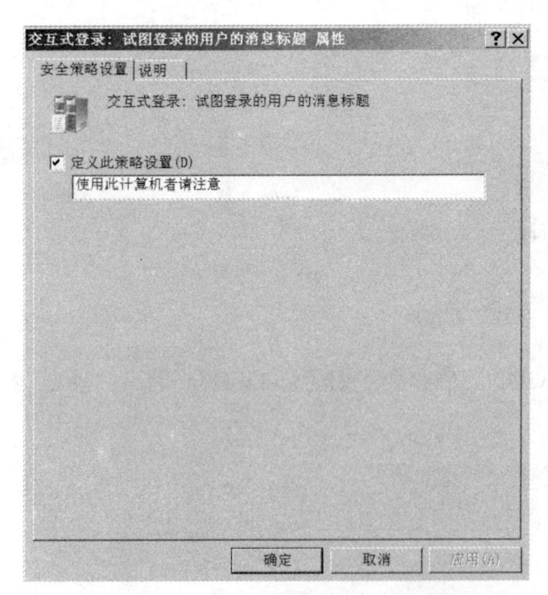

图 6-42 试图登录用户的消息标题

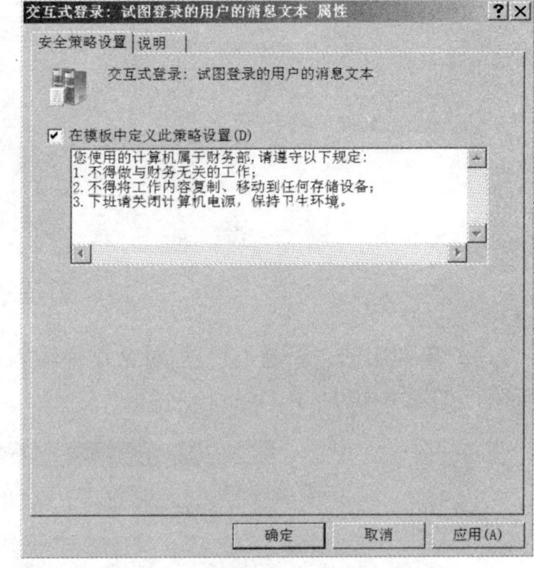

图 6-43 试图登录用户的消息文本

⑥ 使用任何域账户从“账务部”OU 中的计算机 Client1 登录，会显示消息框，如图 6-44 所示。由此可见，计算机配置只针对容器中的计算机账户起作用。

2．用户配置

用户配置包括策略和首选项两个部分，配置这些策略后，容器中所有的用户都会受其影响。如果用户配置应用到某个容器上，此容器中的用户在域中任何一台计算机上登录都会受到此策略的影响。

图 6-44　用户登录时显示的消息

策略中主要包括软件设置、Windows 设置和管理模板三部分。

软件设置：该文件夹中包含“软件安装”，可以在此项中设置为用户安装软件。

Windows 设置：包括远程安装服务、脚本（登录/注销）、安全设置、文件夹重定向、基于策略的 QoS 和 Internet Explore 维护。

管理模板：包括“开始”菜单和任务栏、Windows 组件、共享文件夹、控制面板、网络、系统、桌面和所有设置。

以腾达公司为例，技术部员工的用户账户和计算机都位于“技术部”OU，现在公司要求技术部的员工禁止运行 Internet Explorer，实现步骤如下。

① 用域管理员账户登录 DC，打开“策略管理”控制台。右键单击“技术部”OU 选择“在这个域中创建 GPO 并在此处链接”，参照图 6-39。在弹出的“新建 GPO”对话框中输入 GPO 的名称为“技术部 GPO”，单击“确定”按钮，如图 6-45 所示。

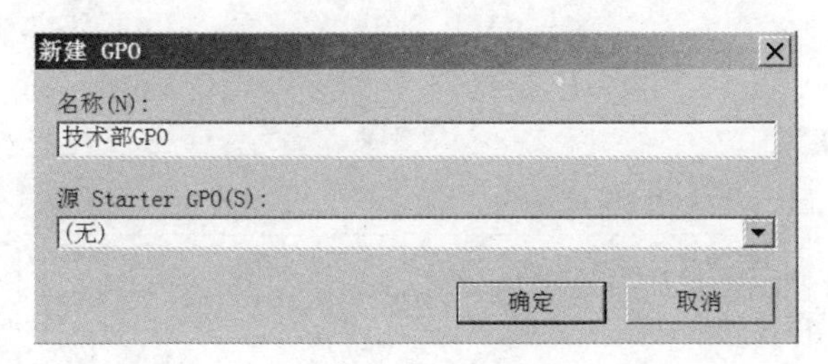

图 6-45　新建 GPO

② 右键单击“技术部 GPO”，选择“编辑”，打开“组策略管理编辑器”窗口，展开“用户配置”→“策略”→“管理模板”→“系统”，如图 6-46 所示。

③ 在右侧窗口双击“不要运行指定的 Windows 应用程序”，打开“不要运行指定的 Windows 应用程序”对话框，选择“已启用”，如图 6-47 所示。

④ 单击图 6-47 中的“显示”按钮，在如图 6-48 所示的“显示内容”对话框的“值”列中，键入 Internet Explorer 应用程序可执行文件名 iexplore.exe，单击“确定”按钮。

⑤ 以技术部 OU 中的用户账户在域内的客户机 Client1 登录，运行 Internet Explorer 浏览器，已被禁止运行，如图 6-49 所示。

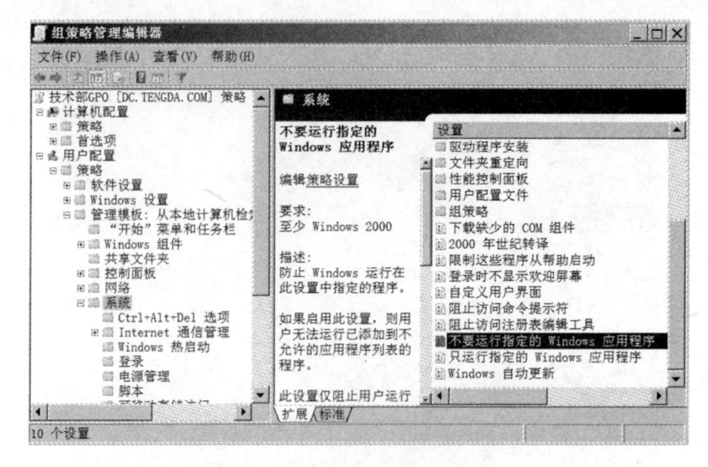

图 6-46 组策略管理编辑器

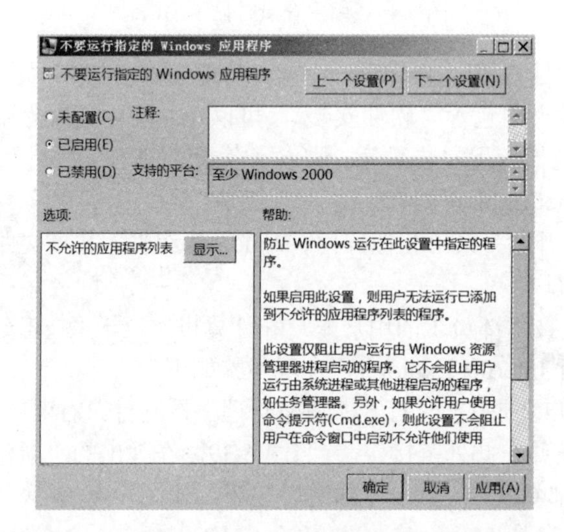

图 6-47 “不要运行指定的 Windows 应用程序”窗口

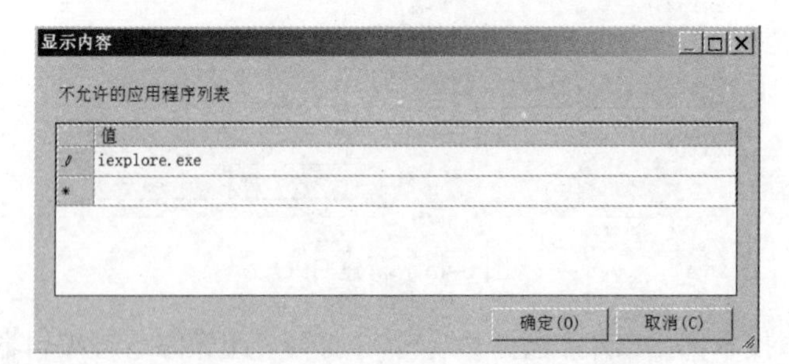

图 6-48 “显示内容”窗口

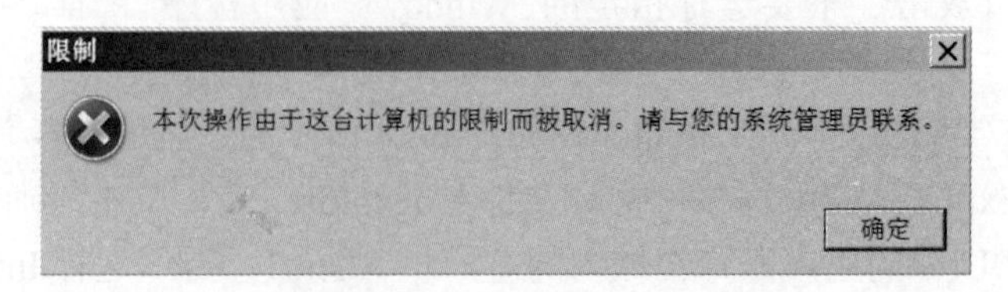

图 6-49 禁止运行 Internet Explorer

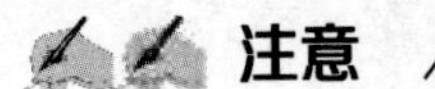

注意

1. 如果组策略未生效，可以分别在域控制器和客户机上运行“gpupdate /force”命令刷新组策略。

2. 如果其他部门的OU要应用于技术部OU同样的组策略设置，不需要在该部门OU创建新的GPO，可以利用GPO的链接来实现。右键单击其他部门OU，选择“链接现有GPO”，在“选择GPO”对话框中单击要链接的GPO，然后单击“确定”按钮。

6.6 组策略应用规则

组策略的影响范围包括域内所有用户和计算机，在应用组策略之前要明确组策略的应用规则，如组策略继承、累加、应用顺序等，以方便利用这些规则顺利实现用户的需求。

6.6.1 组策略的继承

默认情况下，下层容器会继承来自上层容器的GPO，在如图6-50中，“技术部”OU会继承域tengda.com的组策略，子OU“网络部”和“软件部”会继承上级OU“技术部”的组策略。

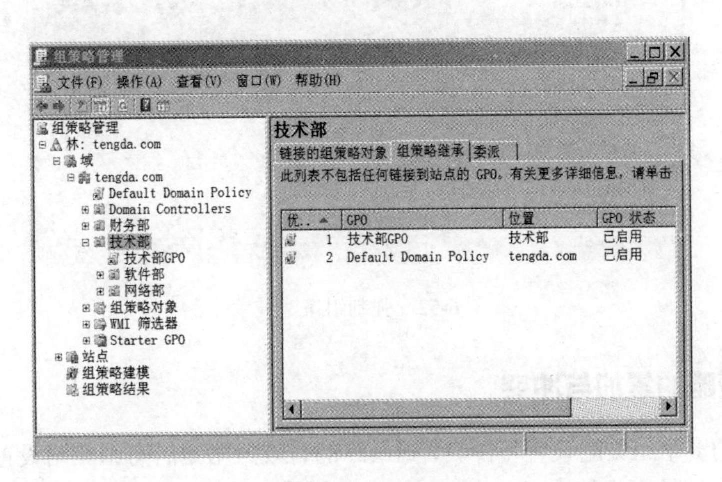

图6-50 组策略继承

子容器可以阻止继承上层容器的组策略，在图6-50中，若“网络部”OU不需要应用来自上级OU的组策略，可以阻止继承。右键单击“网络部”，在弹出的快捷菜单选择“阻止继承”，如图6-51所示。

如果要求下级容器必须强制继承下级容器的策略，右键单击上级OU“技术部”的下GPO（技术部GPO），选择“强制”，表示下级子容器必须继承此GPO的策略，无论下级子容器是否选择阻止继承。此时，单击“网络部”，在组策略继承选项卡中可以看到“技术部GPO”为强制的，如图6-52所示。

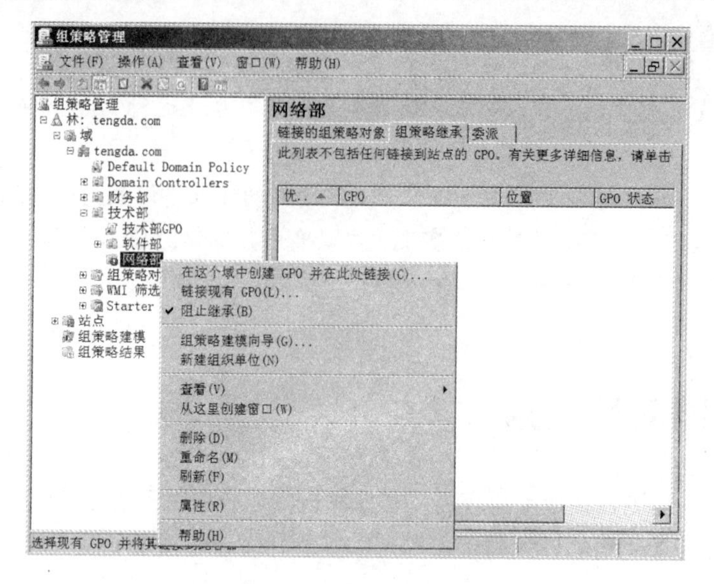

图 6-51　组策略阻止继承

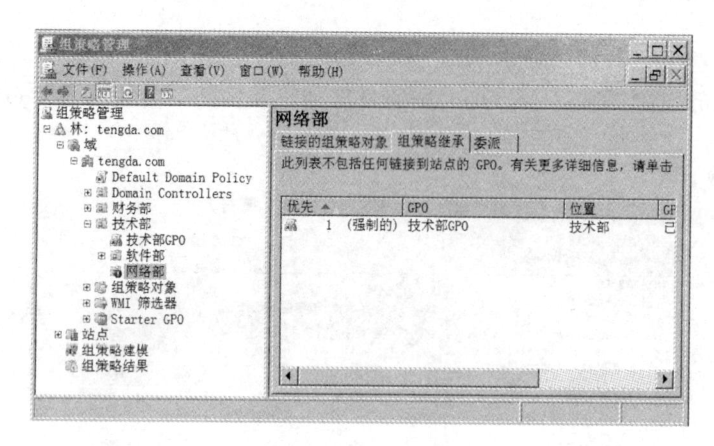

图 6-52　强制组策略继承

6.6.2 组策略的累加与冲突

如果容器的多个组策略设置不冲突，则最终的有效策略是所有组策略设置的累加。例如，将域 tengda.com 链接到组策略对象“Default Domain Policy”，将“技术部”OU 链接到组策略对象“技术部 GPO”，则“技术部”OU 会同时应用“Default Domain Policy”和“技术部 GPO”这两个组策略对象。

如果容器的多个组策略设置冲突，即对相同项目进行了不同的组策略设置，在默认情况下，后应用的组策略将覆盖先应用的组策略。例如，域的组策略设置禁止用户运行 Internet Explorer，OU 的组策略设置可以运行，则在默认情况下，OU 的有效设置是可以运行 Internet Explorer。

组策略按以下顺序应用：本地策略、站点策略、域策略、组织单位策略。在默认情况下，当策略设置发生冲突时，后应用的策略将覆盖前面的策略。

每台运行 Windows 系统的计算机都只有一个本地组策略对象（“开始”→“管理工具”

→“本地安全策略”)。如果计算机在工作组环境下，将会应用本地组策略，如果计算机加入域，则除了受到本地组策略的影响，还可能受到站点、域、OU 的组策略影响，如果策略之间发生冲突，则后应用的策略起作用。总之，组策略应用顺序如下：

- ✓ 首先应用本地组策略对象；
- ✓ 如果有站点组策略对象，则应用；
- ✓ 然后应用域组策略对象；
- ✓ 如果计算机或用户属于某个 OU，则应用 OU 上的组策略对象；
- ✓ 如果计算机或用户属于某个 OU 的子 OU，则应用子 OU 上的组策略对象；
- ✓ 如果同一个容器链接了多个组策略对象，则按照链接顺序从大到小逐个应用。

6.7 实验案例

某公司局域网内有 280 台计算机，各部门的计算机管理工作量很大。为减轻网络管理员工作负担，网络管理员需要集中管理各部门计算机和用户账户以及其他网络资源，用一个账户在公司内的任意一台计算机上登录、查询和使用共享网络资源；在每个部门委派一个员工协助管理本部门的员工账户和密码等业务；公司还要求个别部门员工不能使用 IE 浏览器，登录计算机时能看到自动弹出的公司计算机使用规定窗口提示信息。

实验 1：构建 Windows Server 2008 域环境管理网络

管理员以部门来管理用户账户和组，以人事部为例，管理员委派人事部的员工小 A 有权创建本部门员工账户并设置密码。

推荐步骤：

- ◆ 在服务器上安装活动目录。
- ◆ 将客户机加入到域中。
- ◆ 创建域用户、域组。
- ◆ 创建人事部 OU，委派域用户重设密码的权限。

实验 2：运用组策略

公司已经搭建了 Windows Server 2008 域环境，各部门员工用户账户都位于各自部门的 OU 中，OU“生产部”包含员工 usera、userb，OU“财务部”中包含用户 userc，OU“人事部”中包含用户 userd，默认 OU“computer”中包含客户机 Client1。现在公司要求全体员工都不能运行命令提示符，财务部员工登录计算机时显示提示消息，生产部员工应用统一的桌面背景。

推荐步骤：

◆ 使用默认的域策略禁止所有用户运行命令提示符。

◆ 为“财务部”OU 创建 GPO，配置组策略，设置用户登录时显示的消息标题和消息文字。

◆ 为“生产部”OU 创建 GPO，配置组策略，统一域用户的桌面背景。(准备桌面背景图片，放置在域控制器的共享文件夹内，并设置生产部员工对该文件夹拥有读取权限)

✧ 思考题

- 在什么情况下适合采用 Windows 域模式？
- 安装域控制器需要满足哪些条件？
- 活动目录有哪些特点？如何删除活动目录？
- 查找资料，了解漫游用户配置文件的作用及实现方法。
- 组策略能应用到哪些容器对象？
- 组策略的应用顺序是什么？
- 组策略的计算机配置与用户配置作用有什么不同？

第 7 章

Windows 远程访问服务

学习目标

- 了解远程访问的作用和意义;
- 掌握远程访问服务器的配置方法;
- 掌握客户机网络连接的配置方法;
- 掌握远程访问策略的使用。

7.1 远程访问服务概述

远程访问服务（RAS，Remote Access Service）是指能够允许客户机通过拨号连接或专用连接登录网络。远程客户机得到 RAS 服务器的确认，就可以访问网络资源，如同客户机直接连接在局域网内，以便允许其访问共享文件。

1. 远程访问连接方式

Windows Server 2008 的远程访问服务提供了两种连接方式，如图 7-1 所示。

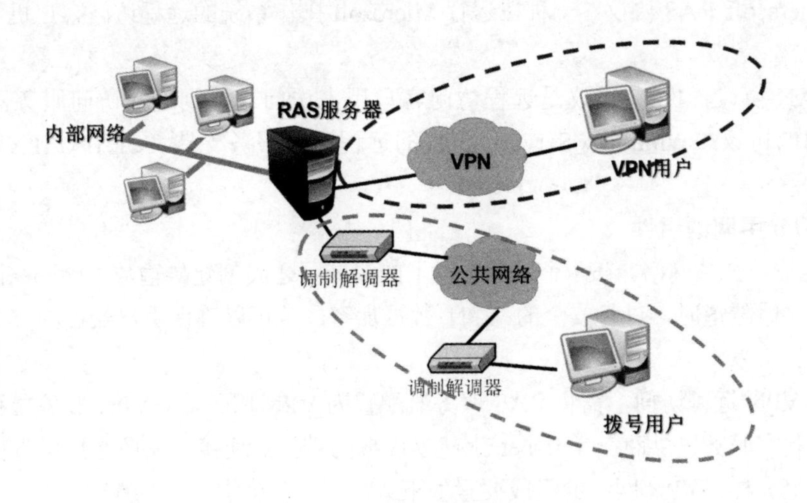

图 7-1　远程访问示意图

（1）拨号网络　通过使用电信提供商提供的服务，如电话、ISDN 等，远程客户端使用非长久的拨号连接到远程访问服务器的物理端口上，这时使用的网络就是拨号网络。拨号网络需要在客户端上安装调制解调器，使用拨号网络拨打远程访问服务器某个端口的电话号码。

（2）虚拟专用网　虚拟专用网（VPN，Virtual Private Network）是穿越公共网络的安全的点对点连接。在虚拟专用网中客户端使用特定的基于TCP/IP的隧道协议与虚拟专用服务器建立连接。虚拟专用网可以帮助远程用户、公司分支机构、商业伙伴及供应商同公司的内部网络建立安全可信的连接，保证数据传输的安全。

2．拨号网络的组件

拨号网络由客户端、远程访问服务器、WAN基础结构、远程访问协议等组件构成。

（1）拨号网络客户端：拨号网络客户端即远程访问客户端。Windows XP、Windows 7、Windows Server 2003等操作系统都可以作为拨号网络客户端与Windows Server 2008远程访问服务器建立连接。客户端上需要安装拨号设备，如调制解调器。

（2）远程访问服务器：Windows Server 2008的远程访问服务器可以接收拨号连接，并且在远程访问客户端与远程访问服务器之间传递数据。

（3）WAN基础结构：通过远程访问客户端、远程访问服务器和WAN基础结构上安装的拨号设备，可以建立不同类型的拨号连接。最常用的拨号远程访问方法包括公用电话交换网、综合业务数字网、非对称数字用户线路等。

（4）远程访问协议：远程访问协议用来控制连接的建立以及数据在WAN链路上的传输。远程访问客户端与远程访问服务器上所使用的操作系统与LAN协议决定了客户机所能使用的远程访问协议。Windows Server 2008远程访问支持三种类型的远程访问协议。

✓ 点到点协议（PPP，Point to Point Protocol）：一种应用非常广泛的工业标准协议，支持多个厂商的远程访问软件，并支持多种网络协议，可以提供最佳的安全性能，多协议访问以及互操作性。

✓ 串行线路网际协议（SLIP，Serial Line Internet Protocol）：一种运行在老式UNIX操作系统的远程访问服务器上使用的协议。

✓ Microsoft RAS协议：一种在运行Microsoft操作系统的远程访问客户机上使用的远程访问协议。

（5）LAN协议：LAN协议是远程访问客户用来访问连接到远程访问服务器上的网络资源而使用的协议。Windows Server 2008的远程访问服务支持TCP/IP、IPX、NetBEUI等协议。

3．虚拟专用网的组件

VPN是基于公共网络，在两个或两个以上的局域网之间创建传输数据的网络隧道。当传输数据通过网络隧道时，进行安全的VPN数据加密，就可以确保用户数据的安全性、完整性和真实性。

要使用VPN远程访问，需将RAS服务器配置为VPN服务器。VPN服务器和客户机通过本地的互联网服务提供商在Internet上建立虚拟的点到点连接，就像客户机直接连接到服务器的网络上一样。VPN网络的组成要素如下：

（1）VPN客户端：VPN客户端可能是一台单独的计算机，也可能是路由器。VPN客户端需要通过本地的互联网服务提供商连接上公共网络，以便和VPN服务器连接。

（2）VPN服务器：VPN服务器是接受VPN客户端连接的计算机，该计算机一般使用专线连接公共网络，具有固定的IP地址。

（3）VPN 连接：VPN 连接用于连接过程中加密数据，对典型的安全 VPN 连接，数据会被加密和压缩。

（4）隧道协议：是用来管理隧道及压缩专用数据的协议。Windows Server 2008 支持点对点隧道协议（PPTP，Point-to-Point Tunneling Protocol）、第二层隧道协议（L2TP，Level 2 Tunneling Protocol）与安全套接字隧道协议（SSTP，Secure Socket Tunneling Protocol）。

PPTP 和 L2TP 使用 PPP 协议对数据进行封装，然后添加包头用于数据在互联网上的传输。PPTP 要求网络是 IP 网络，而 L2TP 可在多种类型的网络上使用；PPTP 只能在两端点间建立单一隧道，而 L2TP 支持在两端点间使用多隧道。

SSTP 是 Windows Server 2008 新支持的协议，SSTP 可以创建一个在 HTTPS 上传送的 VPN 隧道，从而消除与基于 PPTP 或 L2TP 的 VPN 连接有关的诸多问题。

由于在实际应用中 VPN 比拨号网络更普遍，所以本章以 VPN 技术为例说明 Windows 远程访问服务的配置和应用。

7.2 配置远程访问服务

为了实现出差员工的远程访问，需要搭建一台专用的远程访问服务器。该服务器同时连接内网和外网，并且安装路由和远程访问服务，假设 VPN 服务器的内网 IP 是 192.168.10.2/24，公网 IP 是 61.61.61.101/8，网络拓扑如图 7-2 所示。

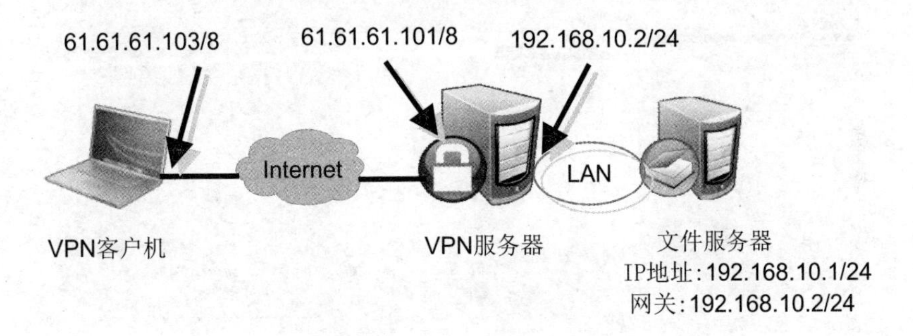

图 7-2 VPN 访问网络拓扑

7.2.1 安装路由和远程访问服务

Windows Server 2008 操作系统上部署路由和远程访问服务的步骤如下。

① 确保服务器有两个网卡，分别用于连接内网和公网。本例中网卡 IP 地址如图 7-2 所示。用系统管理员账户登录，打开“服务器管理器”窗口，选择“角色”，单击“添加角色”，在“选择服务器角色”对话框中选择“网络策略和访问服务”角色，单击“下一步”按钮，如图 7-3 所示。

② 在“网络策略和访问服务”对话框中，介绍了配置“网络策略和访问服务”的注意事项，单击“下一步”按钮。在“选择角色服务”对话框选中“远程访问服务”和“路由”复选框，单击“下一步”按钮，如图 7-4 所示。

③ 在“确认安装”对话框确定安装选项无误后，单击“安装”按钮，完成“路由和远程访问服务”的安装。

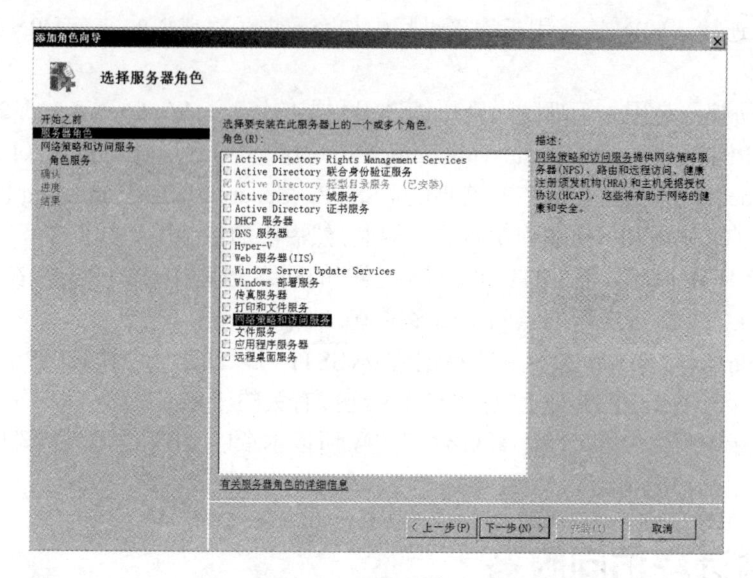

图 7-3 添加“网络策略和访问”服务

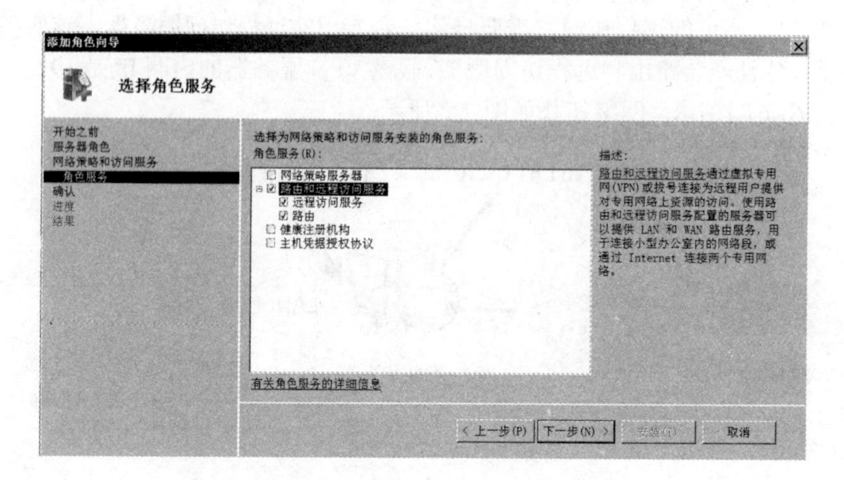

图 7-4 添加“路由和远程访问”服务

7.2.2 激活路由和远程访问服务

安装完路由和远程访问服务后，其初始状态处于停用状态，必须激活后才能提供远程访问服务，操作步骤如下。

① 选择“开始”→“管理工具”→“路由和远程访问”，打开“路由和远程访问”窗口。默认服务器图标为红色下箭头，说明为停止状态。右键单击服务器名称，选择“配置并启用路由和远程访问”，如图 7-5 所示。

② 在“欢迎使用路由和远程访问服务器安装向导”页面单击“下一步”按钮，进入“配置”页面，选择“远程访问（拨号或 VPN）”，单击“下一步”按钮，如图 7-6 所示。

③ 在“远程访问”对话框选择“VPN”复选框，单击“下一步”按钮，如图 7-7 所示。

④ 在“VPN”连接对话框中选择到 Internet 的网络接口，单击“下一步”按钮，如图 7-8 所示。

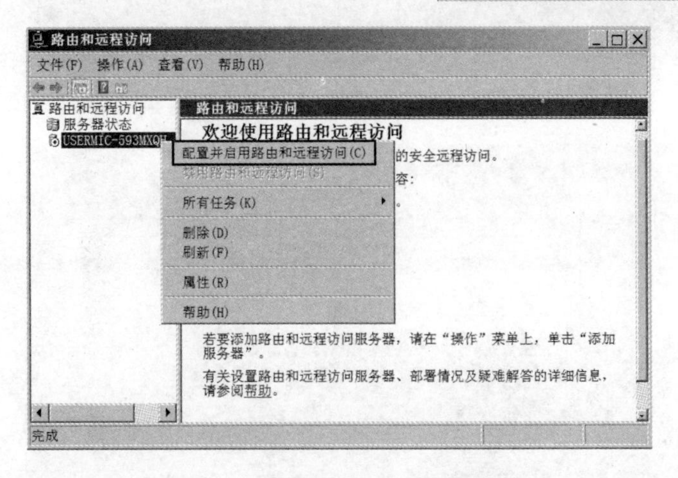

图 7-5　配置并启用路由和远程访问

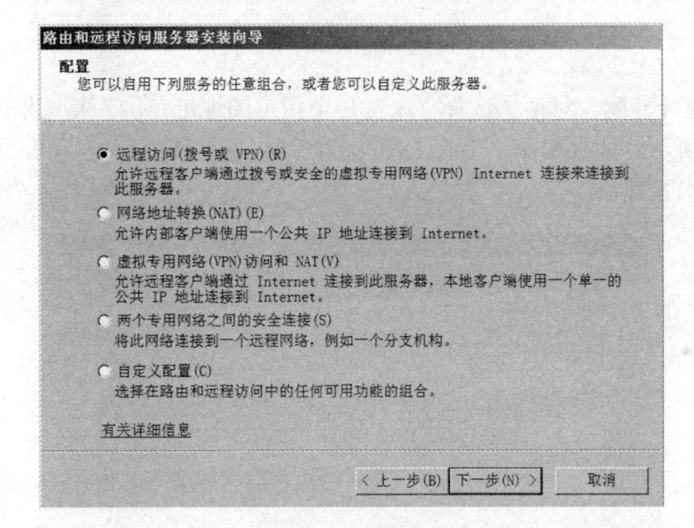

图 7-6　配置服务

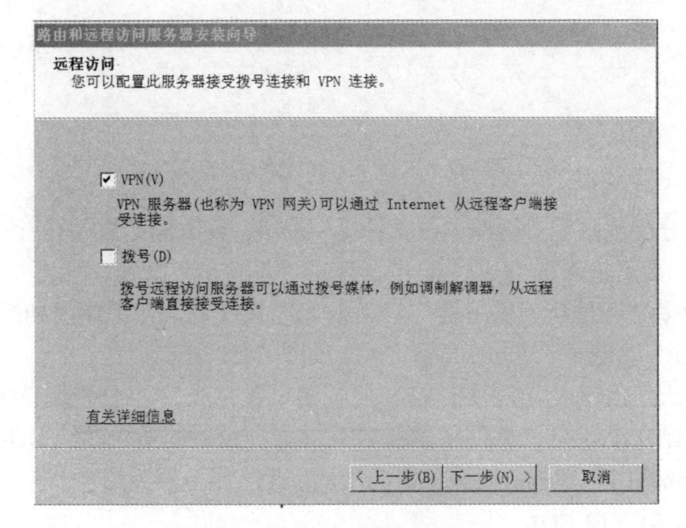

图 7-7　配置 VPN 远程访问

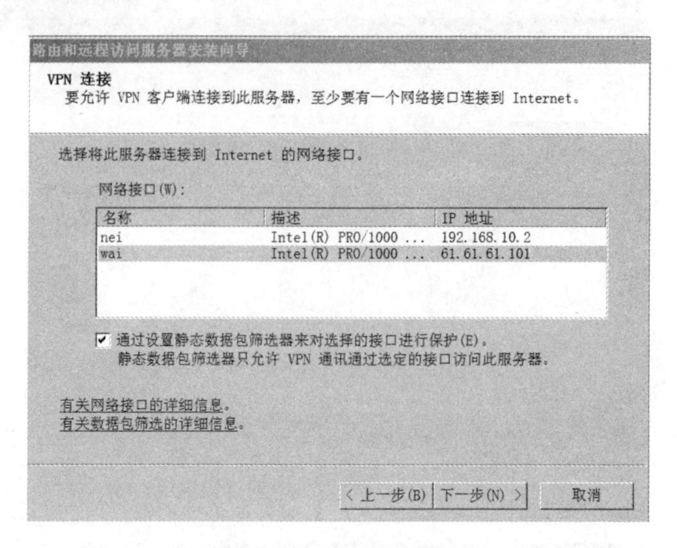

图 7-8　选择 Internet 网络接口

⑤ 在“IP 地址分配”对话框选择“来自一个指定的地址范围”复选框，单击“下一步”按钮，如图 7-9 所示。如果在网络中有 DHCP 服务器，可以选择“自动”，让 DHCP 服务器自动为远程用户分配地址。

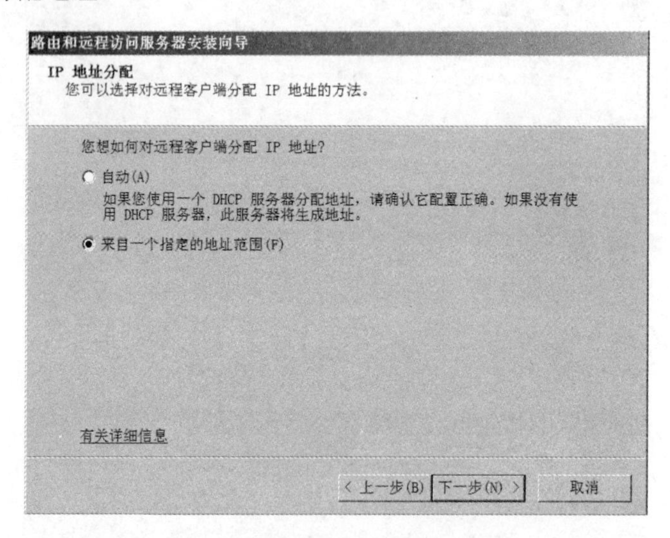

图 7-9　选择分配 IP 地址的方法

⑥ 在“地址分配范围”对话框单击“新建”按钮，输入起始 IP 地址和结束 IP 地址，单击“确定”按钮，显示输入的 IP 地址范围，单击“下一步”按钮，如图 7-10 所示。

⑦ 在“管理多个远程访问服务器”对话框，选择“否，使用路由和远程访问来对连接请求进行身份验证”复选框，单击“下一步”，如图 7-11 所示。

⑧ 单击“完成”按钮，会提醒在 VPN 服务器设置完成后，还需要在 DHCP 中继代理处指定 DHCP 服务器的 IP 地址，以便将索取 DHCP 选项设置的请求转给 DHCP 服务器。单击“确定”按钮，完成路由和远程访问服务器的激活，此时服务器为启动状态，服务器的图标为绿色向上箭头，如图 7-12 所示。

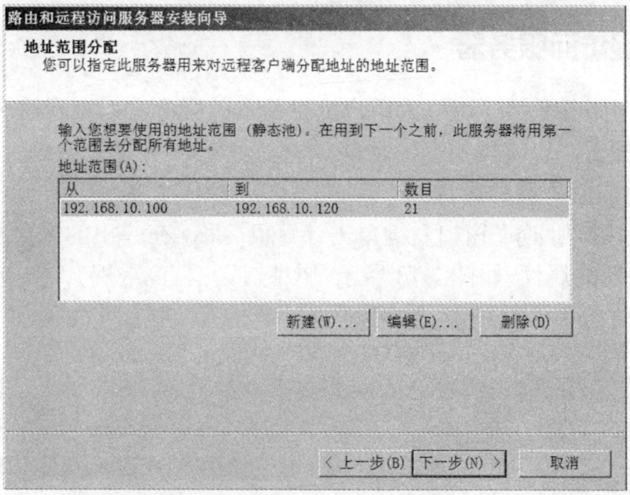

路由和远程访问服务器安装向导

地址范围分配

您可以指定此服务器用来对远程客户端分配地址的地址范围。

输入您想要使用的地址范围（静态池）。在用到下一个之前，此服务器将用第一个范围去分配所有地址。

地址范围(A)：

从	到	数目
192.168.10.100	192.168.10.120	21

新建(W)... 编辑(E)... 删除(D)

< 上一步(B) 下一步(N) > 取消

图 7-10 地址范围分配

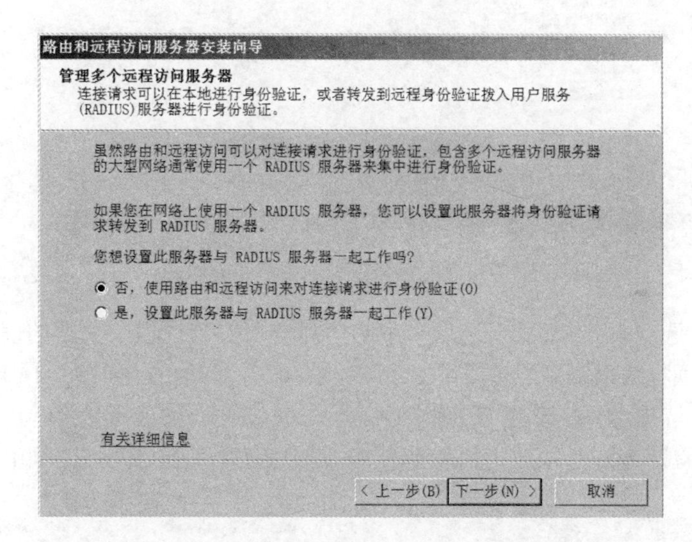

图 7-11 设置管理多个远程访问服务器

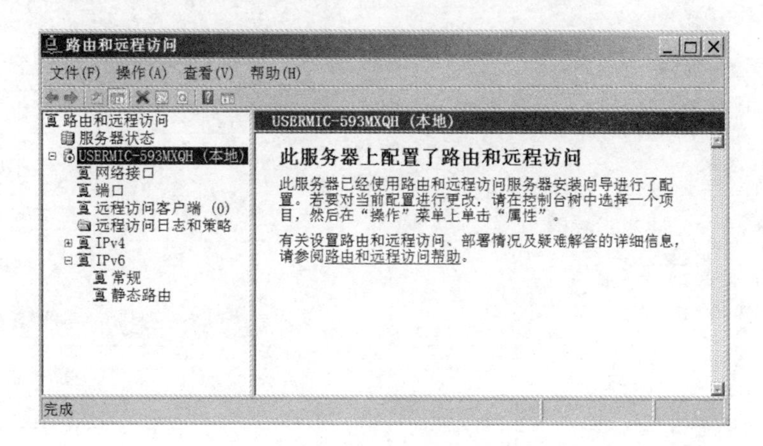

图 7-12 启动路由和远程访问服务

7.2.3 配置远程访问服务器

路由和远程访问服务激活后可以为用户提供基本的服务，但实际情况中还需要修改路由和远程访问服务的配置，以实现更多的功能。

1．配置远程访问服务器的属性

在“路由和远程访问服务”窗口右键单击计算机名称，在弹出的快捷菜单中选择“属性”，可以修改 RAS 服务器的属性，如图 7-13 所示。属性对话框有“常规”、“安全”、“IPV4”、“IPV6”、“PPP”、“日志记录”等多个选项卡。

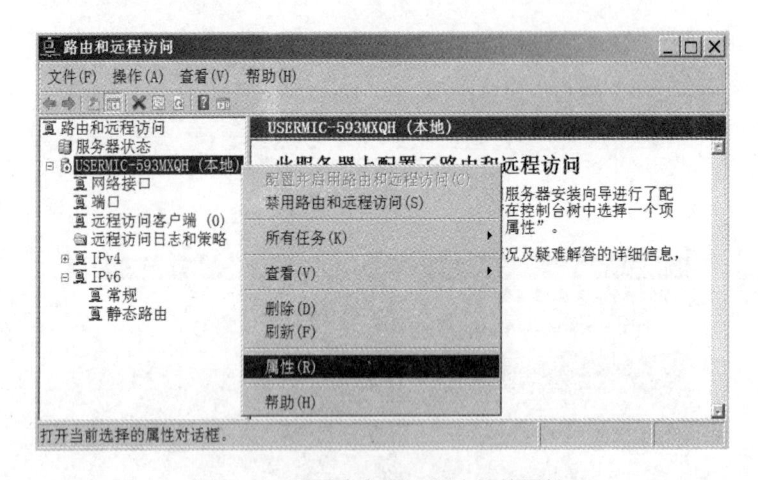

图 7-13　配置路由和远程访问的属性

（1）“常规”选项卡　“常规”选项卡中的信息与在安装过程中获得的信息完全相同，通过选中路由器和远程访问服务器复选框，可以改变服务器角色，如图 7-14 所示。

（2）“安全”选项卡　“安全”选项卡中的信息允许管理员选择身份验证的协议和安全措施，单击“身份验证方法”按钮，可以配置服务器所使用的验证方法，如图 7-15 所示。

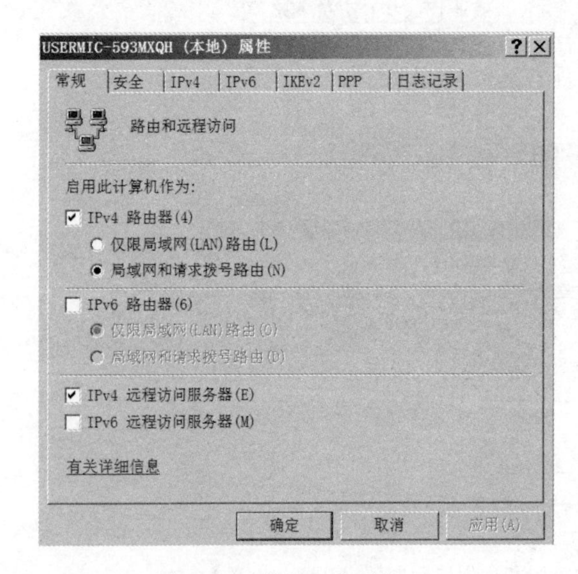

图 7-14　“常规”选项卡

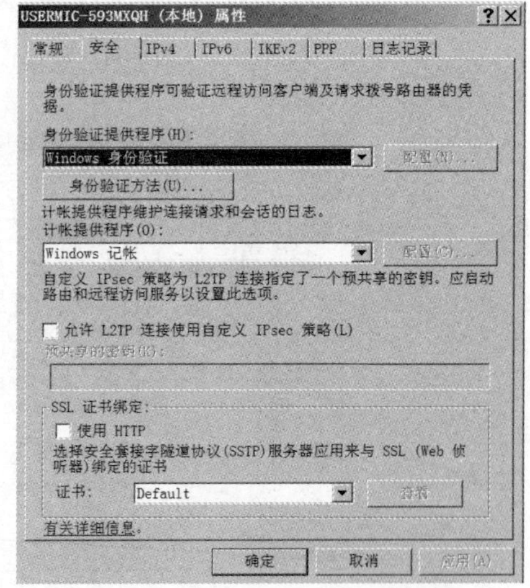

图 7-15　“安全”选项卡

（3）“IPv4”选项卡 “IPv4”选项卡提供了两种IP地址分配方式，可以为远程客户机动态分配或静态指派IPv4地址，如果允许远程客户访问远程服务器的整个局域网，则需要选择“启用IPv4转发”复选框，如果只允许远程客户访问该服务器，则清除此复选框，如图7-16所示。

如果远程访问服务器使用IPv6地址，则需要在“IPv6”选项卡中指定IPv6前缀。

（4）“PPP”选项卡 点对点协议PPP允许管理员设置连接时使用PPP选项，如图7-17所示。选择“多重链接”复选框，允许远程访问客户和请求拨号路由器将多个物理连接组合成单一的逻辑连接；选择“软件压缩”复选框，指定服务器使用Microsoft点对点压缩协议来压缩在远程访问连接时发送的数据。

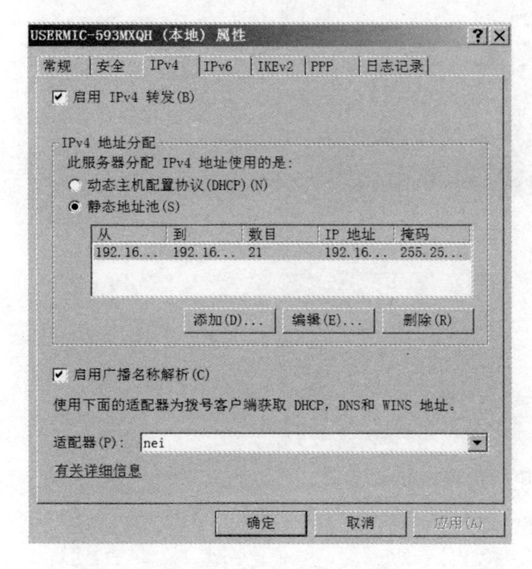

图7-16 “IPv4”选项卡

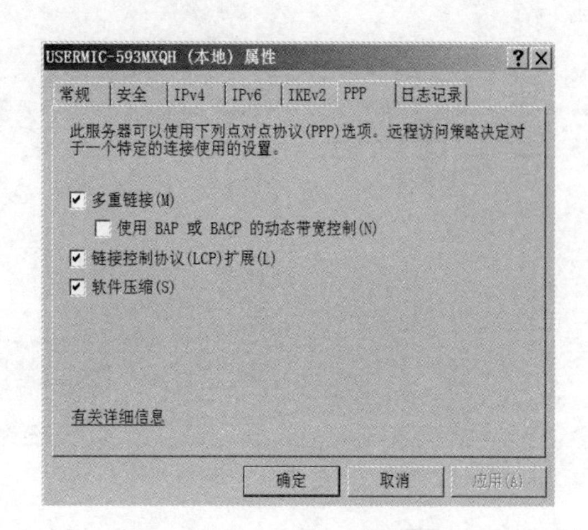

图7-17 “PPP”选项卡

（5）“日志记录”选项卡 “日志记录”选项卡中提供了四个选项，用来配置所需的记录事件类别，如图7-18所示。使用“管理工具”→“事件查看器”可以打开日志信息，以便排除故障。选择“记录额外的路由和远程访问信息（供调试使用）”复选框，可以将点对点协议连接建立进程中的事件记录在Windows系统安装目录下的tracing文件夹中的ppp.log文件中。

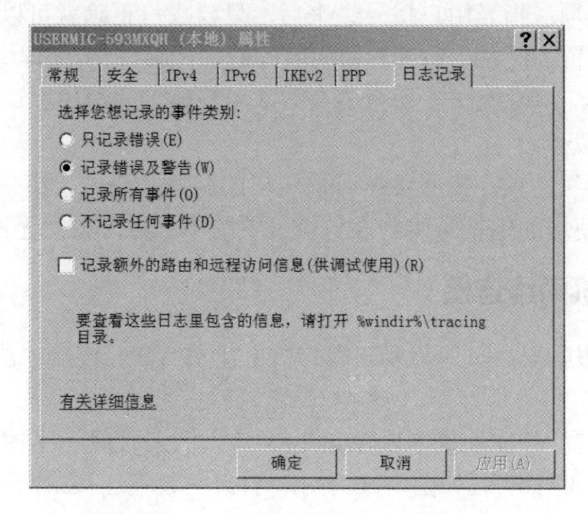

图7-18 “日志记录”选项卡

2．配置用户拨入属性

系统默认所有用户账户都没有连接 VPN 服务器的权限，因此必须另行设置。打开“Active Directory 用户和计算机”窗口，右键单击需要远程访问的用户账户，在弹出的快捷菜单中选择“属性”，在“属性”对话框选择“拨入”选项卡，选中“允许访问”单选按钮，如图 7-19 所示。

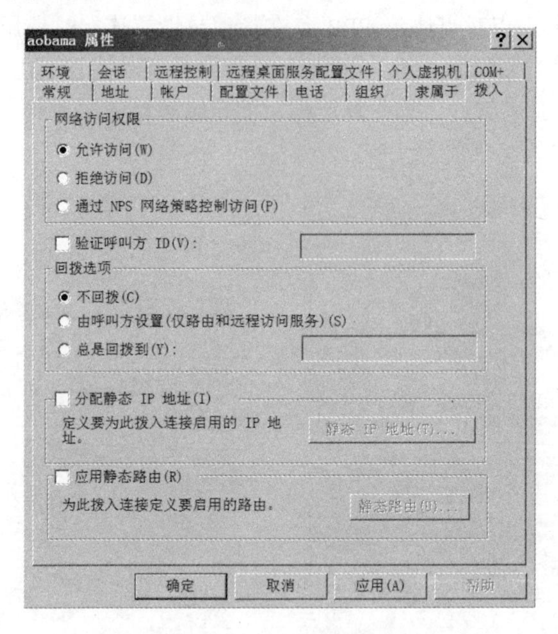

图 7-19　允许用户远程访问

注意

如果在非域环境中，利用 VPN 服务器的本地用户账户来连接，在 VPN 服务器上选择“本地用户和组”中的用户，设置本地用户的拨入属性。

“回拨选项”中的各功能如下。

✓ “不回拨”选项：指当用户拨号进来后，只要账户正确就可以与网络连接。

✓ “由呼叫方设置（仅路由和远程访问服务）”选项：指当远程访问服务客户机拨入远程访问服务器后，输入正确的账户，服务器会要求用户输入回拨的电话号码，然后挂断电话，由服务器对用户进行拨号。

✓ “总是回拨到”选项：指服务器对该用户的回拨号码做了事先规定，即使该用户的账户被盗用，只要他使用的电话号码与服务器设置的不一样，依然无法访问。

7.2.4　配置客户机网络连接

配置好远程访问服务器后，还需要在客户机上建立 VPN 连接才能进行远程访问，操作步骤如下。

① 为远程用户设置 VPN 连接（以 Windows 7 为例）。打开“网络和共享中心”窗口，选择 “设置新的连接或网络”，如图 7-20 所示。打开“设置连接或网络”对话框，选择“连接到工作区”，单击“下一步”按钮，如图 7-21 所示。

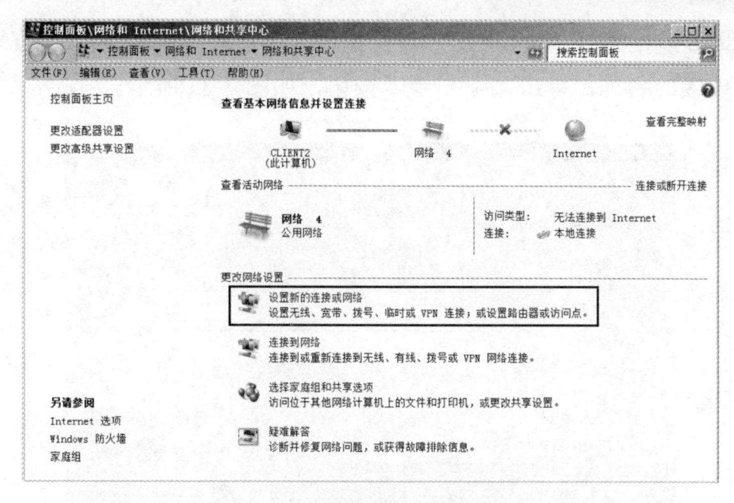

图 7-20 设置新的连接或网络

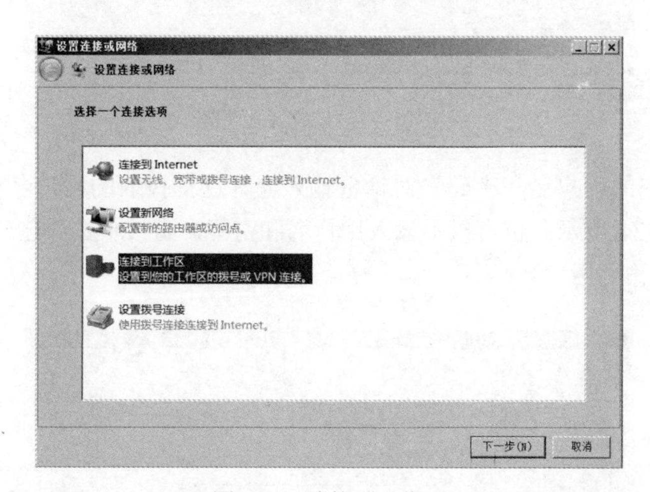

图 7-21 连接到工作区

② 在打开的“连接到工作区”对话框选择“使用我的 Internet 连接（VPN）（Ⅰ）”，如图 7-22 所示。在接下来的对话框选择“我将稍后设置 Internet 连接”。

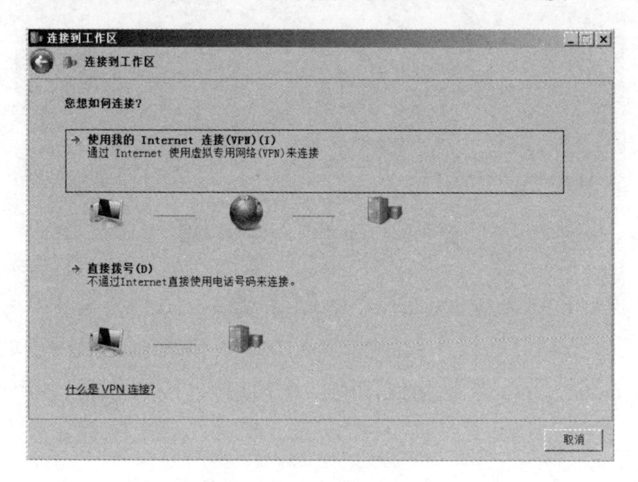

图 7-22 连接到工作区

③ 在“键入要连接的 Internet 地址”对话框输入要远程登录的 VPN 服务器的 IP 地址或域名以及 VPN 连接的名称，单击“下一步”按钮，如图 7-23 所示。

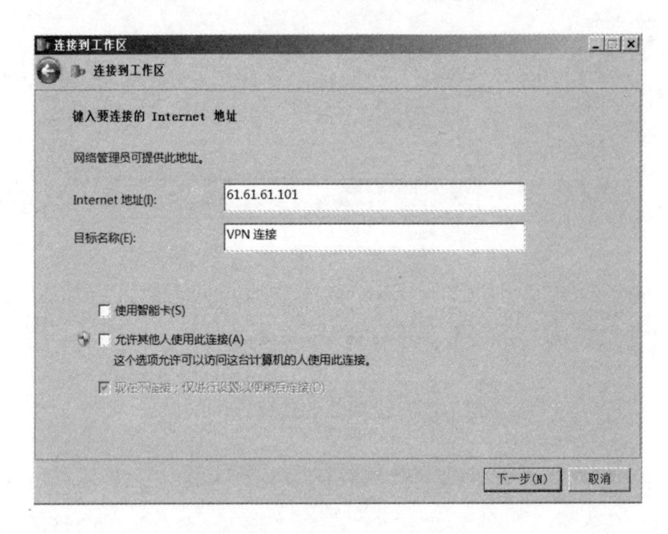

图 7-23　连接 VPN 服务器

④ 在“键入您的用户名和密码”对话框输入允许远程拨入的用户名和密码，单击“创建”按钮，如图 7-24 所示。也可以不输入用户名和密码，直接单击“创建”按钮创建 VPN 连接，待连接时再输入用户名。

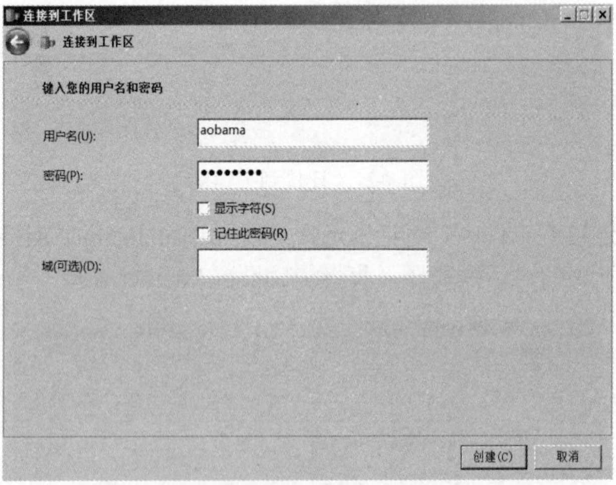

图 7-24　输入用户名和密码

⑤ 在网络连接窗口，可见 VPN 连接已经创建成功，当前是断开状态，如图 7-25 所示。双击此连接，在“连接 VPN 连接”对话框输入用户名和密码，单击“连接”按钮，完成远程 VPN 连接，如图 7-26 所示。查看此连接的详细信息，可以看到该客户端通过 VPN 方式连接到远程访问服务器的详细信息，如图 7-27 所示。此时远程用户犹如处在局域网内部一样可以访问局域网内部资源。

图 7-25 网络连接

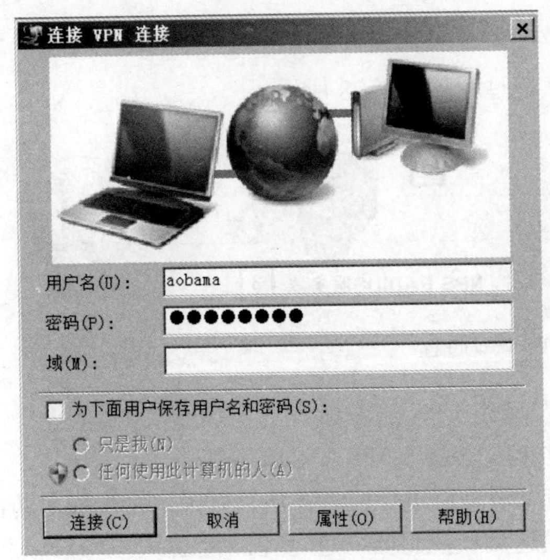

图 7-26 连接 VPN 连接

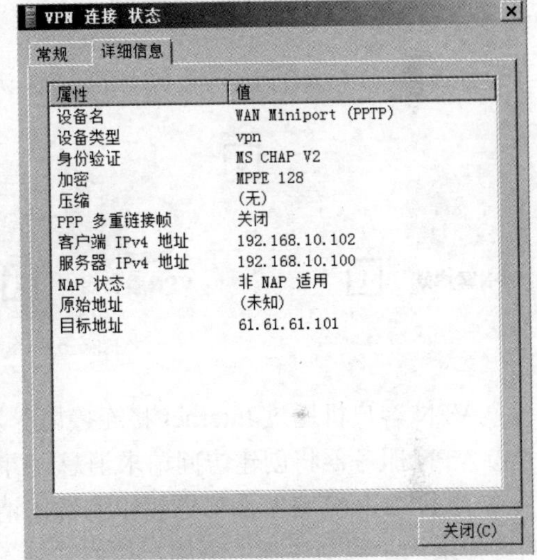

图 7-27 远程连接详细信息

7.3 使用网络策略控制访问

7.3.1 网络策略服务器（NPS）概述

通过搭建路由和远程访问服务可以让远程用户访问局域网内部，但是如果需要限制用户的登录时间、指定数据传输的加密方式，就需要使用网络策略服务器（NPS）。网络策略服务器通过以下三个功能集中配置和管理网络策略。

1．RADIUS 服务器

将网络策略服务器用作 RADIUS 服务时，可以将无线访问点和 VPN 服务器等网络访问服务器配置为 RADIUS 客户端，RADIUS 服务器具有对用户账户信息进行访问的权限，并可以检查网络访问身份及验证凭据。如果用户的凭据是真实的，并且连接尝试获得授权，则 RADIUS 服务器将根据指定条件向用户授予访问权限，并将网络访问连接记录到记账日志中。使用 RADIUS 允许在一个中心位置收集并维护网络访问用户的身份验证、授权和记账数据。

2．RADIUS 代理

NPS 将身份验证和记账消息转发到其他的 RADIUS 代理服务器。使用 NPS，各组织可以在保留对用户身份验证、授权和记账活动进行控制的同时，将远程访问基础结构外包给服务提供商。

3．网络访问保护（NAP）策略服务器

NAP 包含在 Windows Server 2008 中，通过确保按照组织网络健康策略配置客户端计算机后才允许它们连接到网络资源，有助于保护对专用网络的访问。此外，计算机连接到网络时，NAP 会监视客户端计算机对管理员定义的健康策略的遵从情况。使用 NAP 的自动更新功能，可以自动更新不符合要求的计算机，使其遵从健康策略，从而能够连接到网络。

系统管理员可以定义网络健康策略，健康策略可以包含软件要求、安全更新要求和所需的配置等内容。NAP 通过检查和评估客户端计算机的健康状况，在认为客户端计算机不健康时将限制其进行网络访问，并修正不健康的客户端计算机。

7.3.2 配置 RADIUS 服务器

通过 VPN 连接远程访问服务器的 NPS 认证过程如图 7-28 所示。

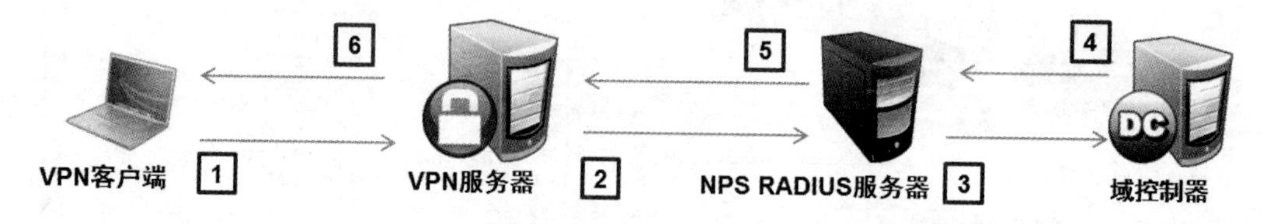

图 7-28 NPS 认证过程

① VPN 客户机通过 Internet 将连接请求发送到 VPN 服务器。

② VPN 服务器将创建访问请求消息，并将其发送到 NPS RADIUS 服务器。

③ 在 NPS RADIUS 服务器接收到访问请求消息后进行请求评估，以确定是否满足访问策略，如果满足策略要求，将用户访问凭证发送到域控制器，进行凭证验证。

④ 系统将使用用户账户的拨入属性和网络策略尝试进行授权。

⑤ 如果对连接尝试进行身份验证和授权通过，则 NPS 服务器会向 VPN 服务器发送访问接收消息，如果授权未通过，则 NPS 服务器会向 VPN 服务器发送访问拒绝消息。

⑥ 当 VPN 客户端接收到来自 VPN 服务器的访问成功消息后，就成功连接 VPN 服务器，反之则连接失败。

以腾达公司为例，公司的 VPN 服务器供外地的员工远程访问公司内部数据，公司要求只能在工作时间进行远程访问，网络拓扑如图 7-29 所示。为了实现外地员工只能在工作时间连接 VPN 服务器，需要搭建 NPS 服务器，步骤如下。

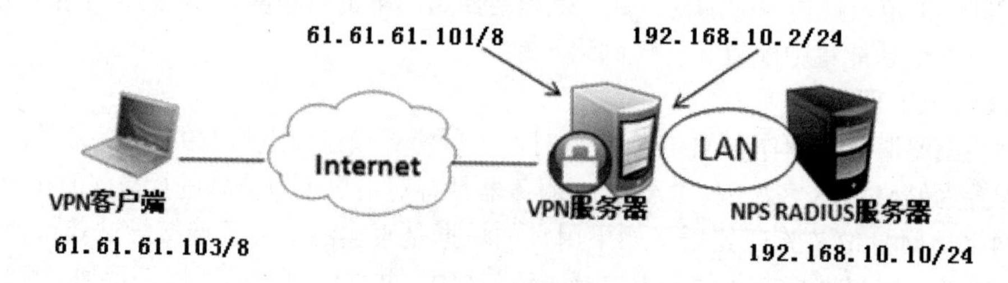

图 7-29 NPS 网络拓扑

1．安装RADIUS服务器

在“服务器管理器”窗口添加“网络策略和访问服务”角色服务，如图7-30所示，单击“下一步”按钮。在选择“角色服务”对话框选择“网络策略服务器”复选框，如图7-31所示，单击“下一步”按钮。在“确认安装”对话框单击“安装”按钮完成网络策略服务器安装。

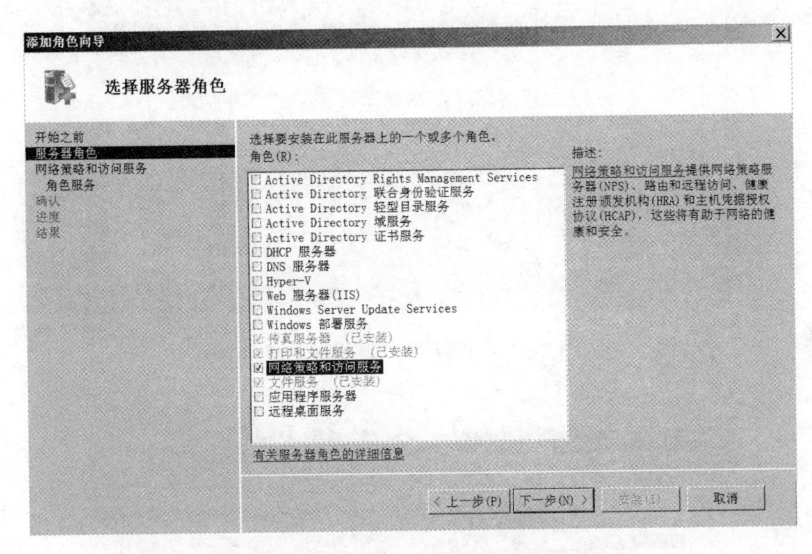

图7-30　选择网络策略和访问服务角色

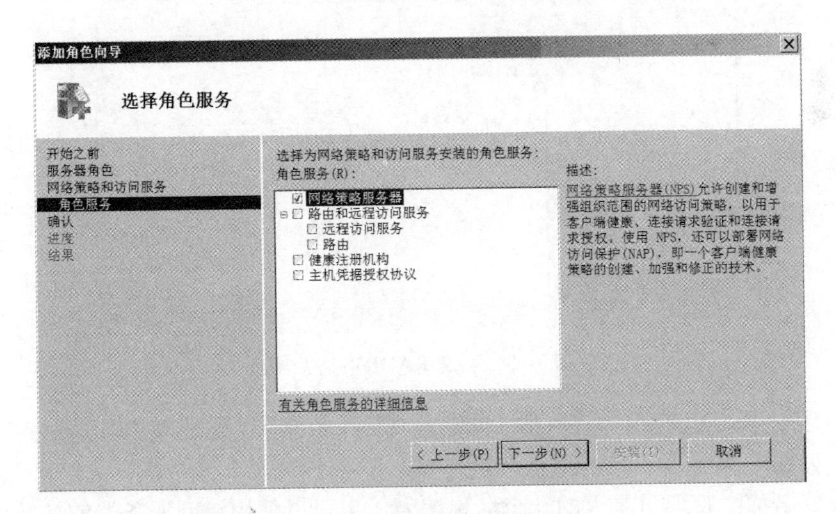

图7-31　选择网络策略服务器

2．配置RADIUS客户端

安装完网络策略服务器后，此时的RADIUS服务器还没有提供服务，还需要配置RADIUS服务器和路由。只有与远程访问建立连接后，RADIUS服务器才能提供服务。

① 在“管理工具”中打开“网络策略服务器”窗口，如图7-32所示。

② 单击展开“RADIUS客户端和服务器”节点，右击“RADIUS客户端”，在弹出的快捷菜单选择“新建”，如图7-33所示。

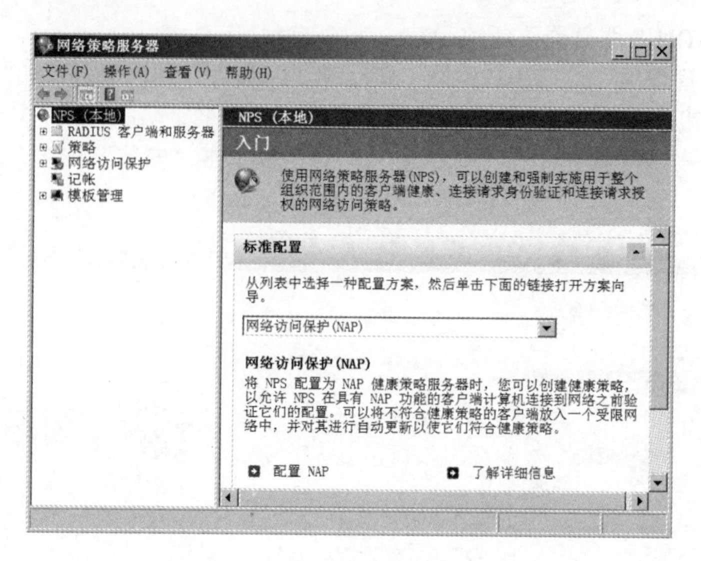

图 7-32 “网络策略服务器”窗口

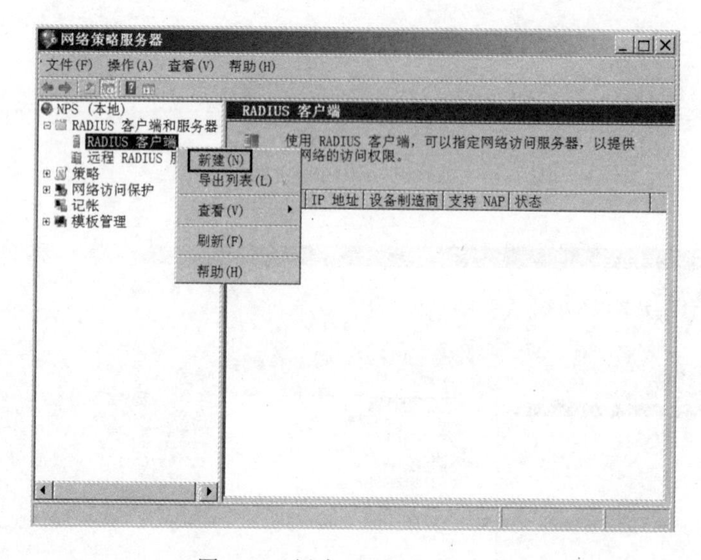

图 7-33 新建 RADIUS 客户端

③ 在“新建 RADIUS 客户端”对话框输入“友好名称”、“地址”、“共享机密”，单击“确定”按钮，如图 7-34 所示。

✓ 友好名称：管理员录入的一个名称编号，也可以使用访问服务器的计算机名。

✓ 地址：访问服务器的 IP 地址。

✓ 共享机密：在 RADIUS 客户端、RADIUS 服务器和 RADIUS 代理之间用作密码的文本字符串、在使用消息身份验证其属性时，共享机密还用作加密 RADIUS 消息的密钥。

7.3.3 配置网络策略服务器

“网络策略服务器”中的策略是通过“连接请求策略”、“网络策略”、“健康策略”三种策略方式来指定访问服务器的连接请求。

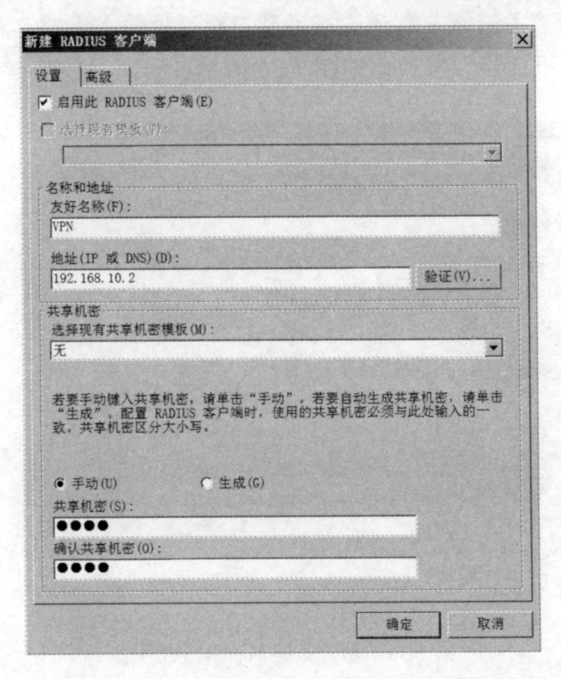

图 7-34 编辑“新建 RADIUS 客户端”属性

✓ “连接请求策略”可以指定是在本地处理连接请求，还是将其转发到远程 RADIUS 服务器中，其功能主要是对连接请求进行身份验证。

✓ “网络策略”的主要作用是授权通过身份验证的用户是否可以连接到访问服务器。

✓ “健康策略”是指远程访问客户端的健康状态是否满足接入条件，如是否打开防火墙、安装杀毒软件等。

1．配置连接请求策略

① 在 NPS 服务器中打开“网络策略服务器”，展开“策略”节点，右击“连接请求策略”，在弹出的快捷菜单中选择“新建”，如图 7-35 所示。

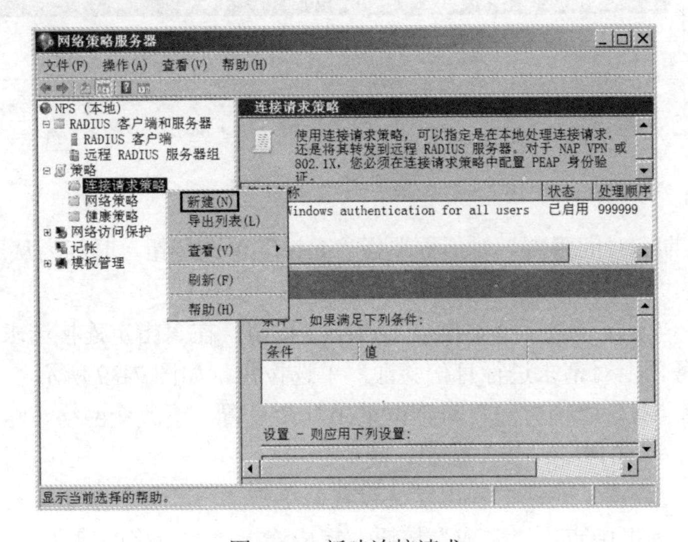

图 7-35 新建连接请求

② 在“指定连接请求策略名称和连接类型”对话框输入策略名称，选择“网络访问服务器的类型”，单击“下一步”按钮，如图 7-36 所示。

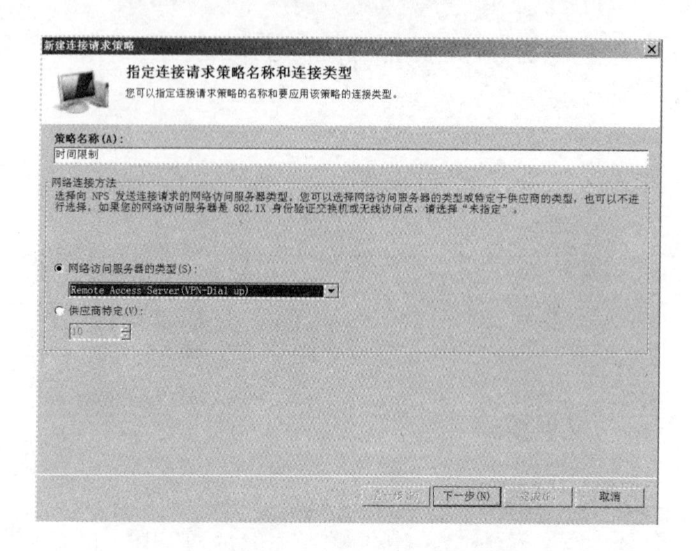

图 7-36　指定策略名称和连接类型

③ 在“指定条件”对话框单击“添加”按钮，选择要使用的条件，可以通过用户名、访问的 IP 地址、时间等来选择连接条件，如选择“日期和时间限制”条件，单击“添加”按钮，如图 7-37 所示。

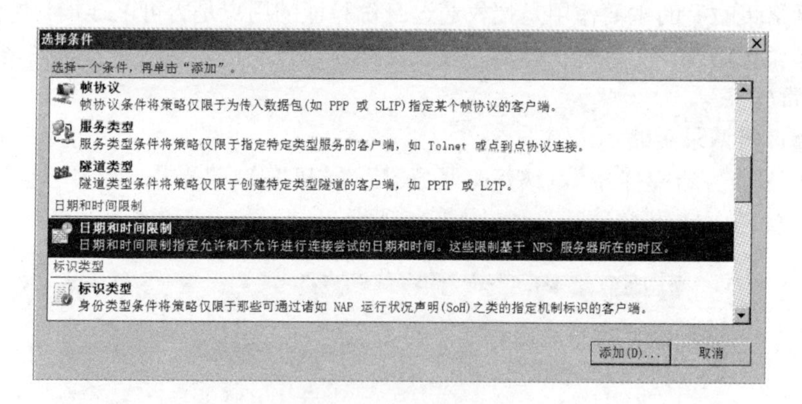

图 7-37　选择条件

④ 在“日期和时间限制”对话框选择“允许”单选按钮，时间为从周一到周五的 8 点到 17 点，单击“确定”按钮，如图 7-38 所示。

⑤ 在“指定条件”对话框单击“下一步”按钮，在“指定连接请求转发功能”对话框选择“在此服务器上对请求进行身份验证”单选按钮，如图 7-39 所示。

⑥ 在“指定身份验证方法”对话框采用默认设置，不改变网络策略身份验证的设置，如图 7-40 所示，单击“下一步”按钮。

⑦ 在“配置设置”对话框使用默认设置，单击“下一步”按钮。在“正在完成连接请求策略向导”对话框中点击“完成”按钮，完成连接请求策略的建立，如图 7-41 所示。

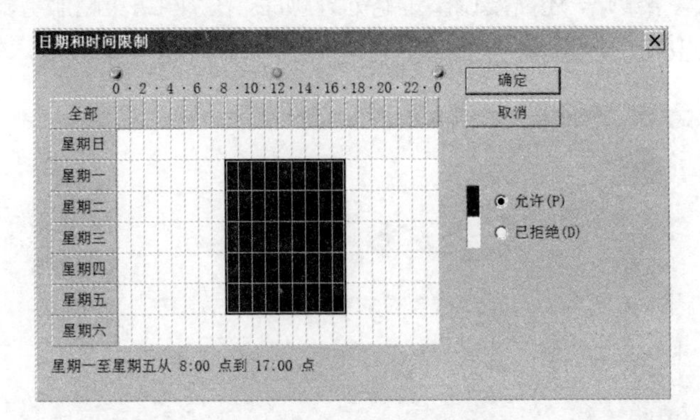

图 7-38　指定时间限制

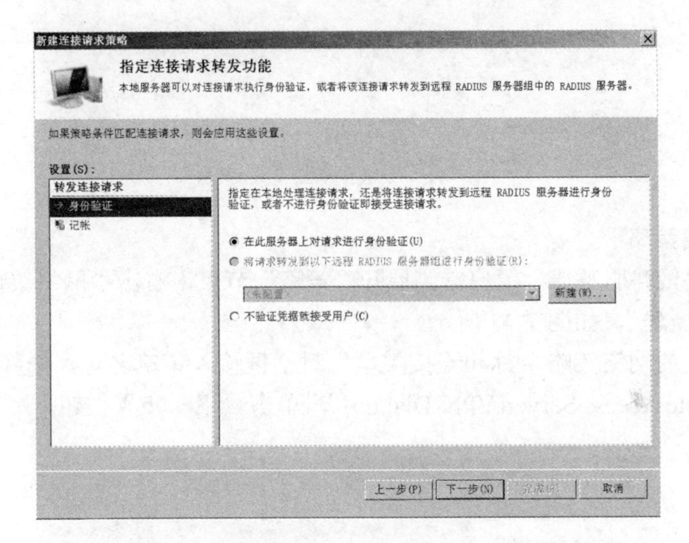

图 7-39　在此服务器上对请求进行身份验证

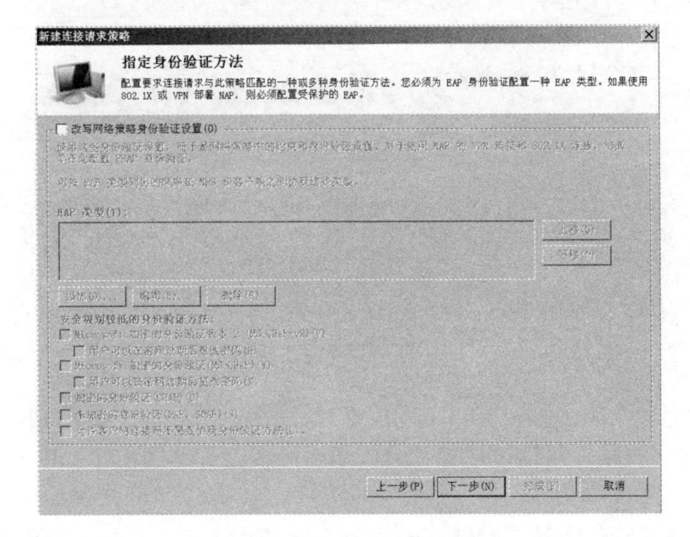

图 7-40　指定身份验证方法

⑧ 如果有多个网络策略，还需要调整策略处理顺序，在“网络策略服务器”窗口右键单击“连接请求策略”，在弹出的快捷菜单中选择“上移”，调整策略的处理顺序（本例不需要调整）。

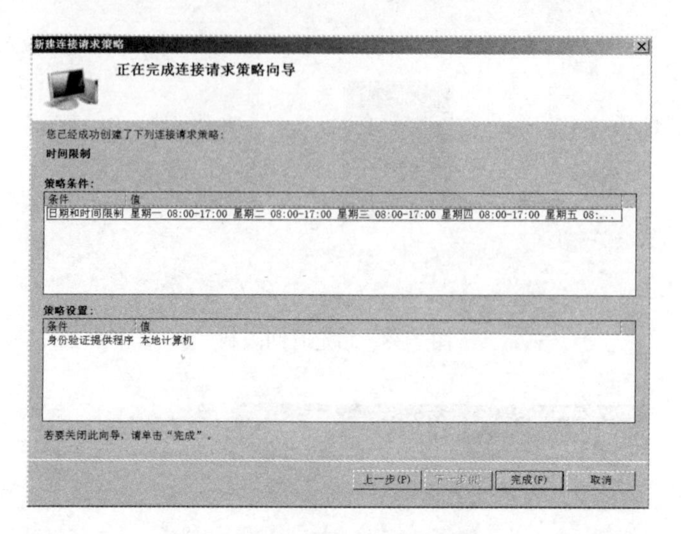

图 7-41　完成的策略设置参数

2．配置网络策略

① 在“网络策略服务器”窗口左侧展开“策略”节点，右击“网络策略”，在弹出的快捷菜单中选择“新建”，如图 7-42 所示。

② 在“指定的网络策略名称和连接类型”对话框输入策略名称，选择网络访问服务器的类型为“Remote Access Server(VPN-Dial up)”，单击“下一步”按钮，如图 7-43 所示。

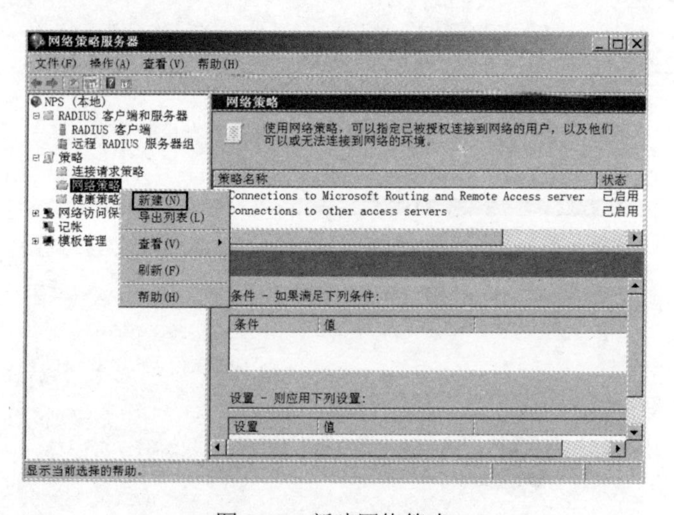

图 7-42　新建网络策略

③ 在“指定条件”对话框中设定的条件与连接请求策略的条件相同，单击“下一步”按钮，在“指定访问权限”对话框选择“已授予访问权限”单选按钮，单击“下一步”按钮，如图 7-44 所示。

④ 在“配置身份验证方法”对话框中确保选择了“Microsoft 加密身份验证版本 2”复选框，单击“下一步”按钮。如图 7-45 所示。

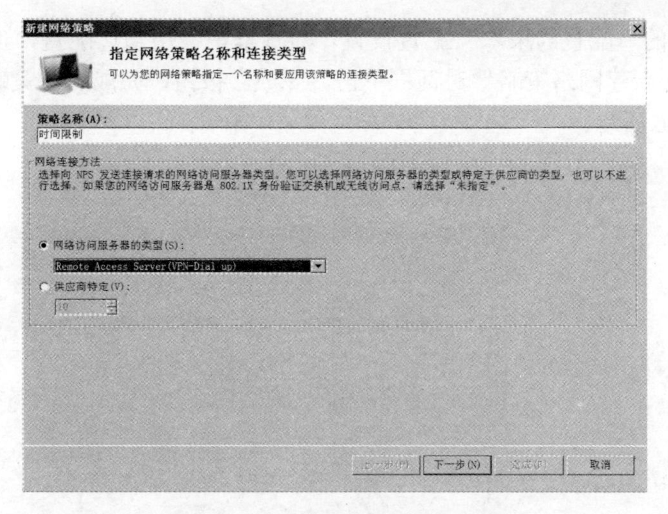

图 7-43　指定网络策略名称和类型

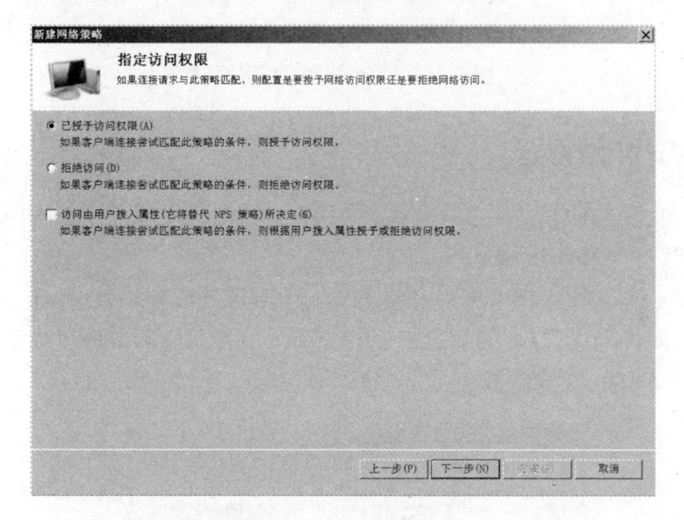

图 7-44　指定访问权限

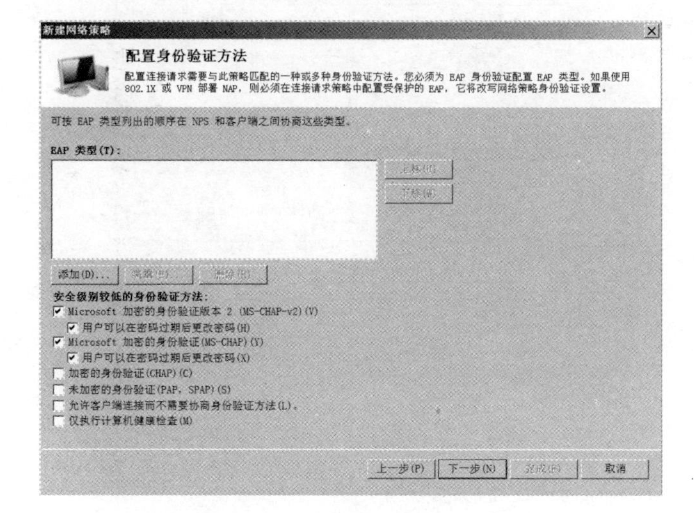

图 7-45　配置身份验证方法

⑤ 在接下来的“配置约束”、“配置设置”对话框中使用默认配置，单击“下一步”按钮。在“正在完成新建网络策略”对话框单击“完成”按钮，完成网络策略的创建，创建的网络策略如图 7-46 所示。

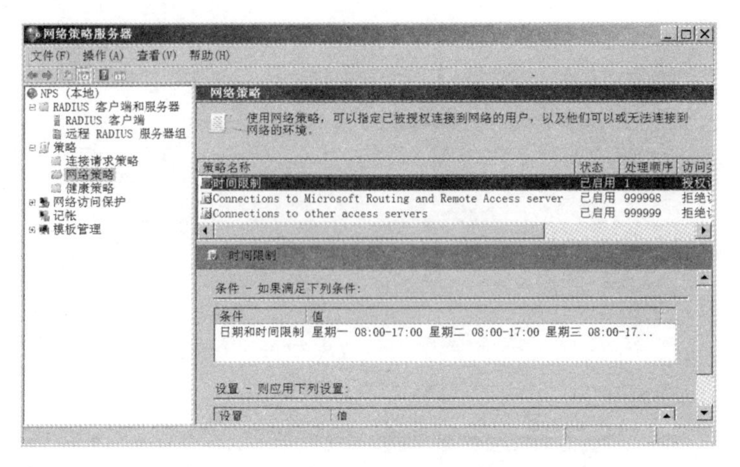

图 7-46　创建完成的网络策略

7.3.4　配置 VPN 服务器

当完成 NPS 服务器的搭建和策略配置后，VPN 服务器的认证方式需要重新配置，以接收 NPS 服务器的认证，操作步骤如下。

① 从“管理工具”中打开“路由和远程访问服务”窗口，右键单击计算机名，在弹出的快捷菜单选择“属性”，在打开的属性对话框选择“安全”选项卡。在“身份验证提供程序”下拉列表框选择“RADIUS 身份验证”，如图 7-47 所示。

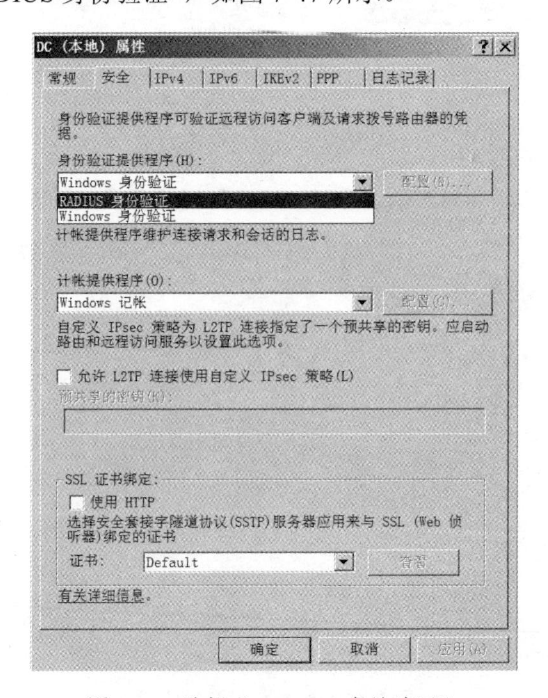

图 7-47　选择“RADIUS 身份验证”

② 单击“配置”按钮，在“RADIUS 身份验证”对话框中单击“添加”按钮，如图 7-48 所示。在“添加 RADIUS 服务器”对话框输入 RADIUS 服务器的地址与共享机密，如图 7-49 所示，单击“确定”按钮，完成 VPN 服务器的配置。

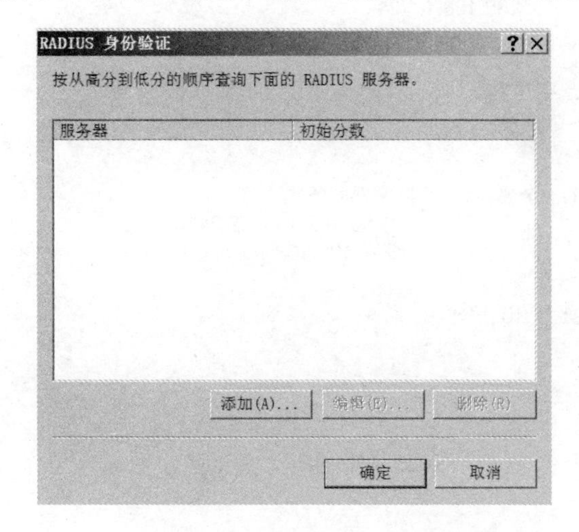

图 7-48　添加 RADIUS 身份验证

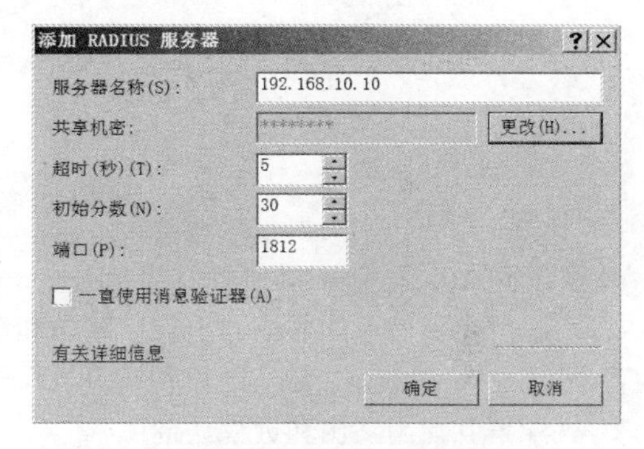

图 7-49　添加 RADIUS 服务器

③ 出差员工在非工作时间尝试远程访问，将收到错误信息，如图 7-50 所示。

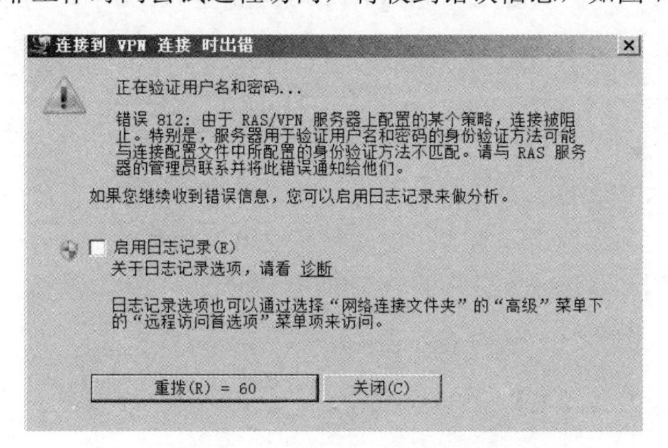

图 7-50　非工作时间无法拨入

7.4　实验案例

某公司出差员工需要公司内部的保存在局域网内的文件服务器上的共享文件，此文件非常重要，为了安全起见，不能通过邮箱或 QQ 传输。为了使出差员工安全、方便、快捷地访问到公司内部网络，采用远程访问连接的方式在互联网上为出差员工搭建一条虚拟专用网络，并限制访问时间为周一到周五的工作时间。

实验 1：配置 VPN 访问

公司出差员工需要访问公司局域网中文件服务器上的共享文件夹 files，文件服务器的 IP 地址为 192.168.1.2，如图 7-51 所示。出差的员工使用 VPN 连接到公司局域网，VPN 服务器连接 Internet 的 IP 地址为 61.167.10.1。出差员工的计算机操作系统为 Windows 7,出差员工能使用 UNC 路径“\\192.186.1.2\files”访问局域网中的文件服务器。

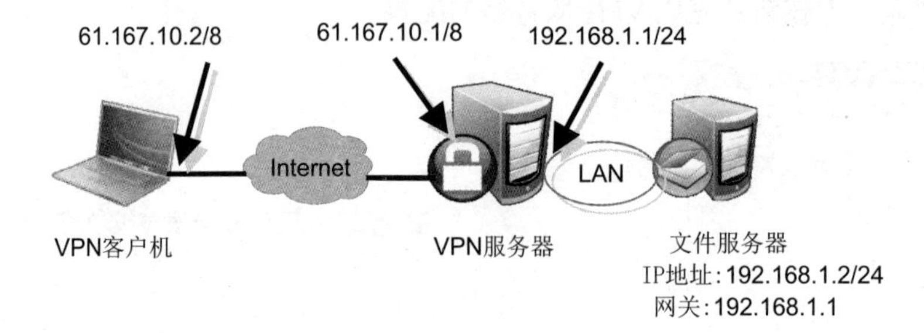

图 7-51 实验 1 拓扑图

推荐步骤：

- 在一台双网卡的服务器上启用路由和远程访问服务，此计算机作为 VPN 服务器。
- 在“Active Directory 用户和计算机”中设置用户的拨入权限。
- 配置并启用路由和远程访问。
- 在 Windows 7 VPN 客户端建立到 VPN 服务器的连接，访问公司局域网。

实验 2：为 VPN 访问配置 NPS

实验 1 中的出差员工已经顺利地访问到局域网内部的文件服务器，出于安全方面的考虑，需要限制该员工只有在工作时间（周一到周五的早 9：00 到晚 18：00）才可以进行远程访问。

推荐步骤：

- 搭建 RADIUS 服务器，对远程访问连接请求使用路由和远程访问服务进行身份验证。
- 重新配置路由和远程访问服务，使其和 RADIUS 服务协同工作。
- 在非工作时间和工作时间分别测试 VPN 远程连接。

✧ 思考题

- 远程访问的连接方式有哪些？
- VPN 的组成要素有哪些？
- 配置远程访问服务器需要哪些步骤？
- 如何配置远程访问客户端？
- NPS 的主要作用是什么？

第 8 章

PKI 与证书服务

学习目标

- 了解 PKI 相关知识；
- 理解证书发放过程；
- 掌握证书服务的安装；
- 掌握企业 CA 的管理；
- 掌握在 Web 服务器上设置 SSL。

8.1 公钥基础结构

随着网络技术的飞速发展，Internet 已成为人们生活、工作中不可缺少的一部分。人们在享受着 Internet 带来的方便的同时也面临着安全问题。公钥基础结构（PKI，Public Key Infrastructure）是通过使用公钥技术和数字证书来确保信息安全，并负责验证数字证书持有者身份的一种技术。PKI 让个人或企业能够安全地从事商业活动，企业员工可以在互联网上安全地发送电子邮件而不必担心信息被非法的第三方截获。

在 PKI 中，各参与者都信任一个证书颁发机构（CA，Certification Authority），由该 CA 来核对和验证各参与者的身份。PKI 由公钥加密技术、数字证书、认证机构 CA、注册机构 RA 等共同组成。

✓ 数字证书用于用户的身份验证。

✓ 认证机构 CA 是 PKI 的核心，负责管理 PKI 中所有用户（包括各种应用程序）的数字证书的生成、分发、验证和撤销。

✓ RA（注册机构）接受用户的请求，负责将用户的有关申请信息存档备案，并存储在数据库中等待审核，并将审核通过的证书请求发送给证书颁发机构。RA 分担了 CA 的部分任务，使管理变得更方便。

PKI 体系依据公钥加密技术而具有以下特点。

✓ 身份验证：确认用户的身份标识。

✓ 数据完整性：确保数据在传输过程中没有被修改。

✓ 数据机密性：防止非授权用户获取数据。

✓ 操作的不可否认性：确保用户不能冒充其他用户的身份。

8.1.1 公钥加密技术

公钥加密技术是 PKI 的基础，PKI 使用公钥加密技术将数据加密、解密，公钥加密技术需要公钥和私钥两种密钥，公钥和私钥之间有如下关系。

- ✓ 公钥和私钥是成对生成的，这两种密钥互不相同，可以互相加密和解密。
- ✓ 不能根据一个密钥推算出另一个密钥。
- ✓ 公钥对外公开，私钥只有私钥持有人才知道。
- ✓ 私钥应该由私钥的持有人妥善保管。

公钥和私钥要配对使用，如果用公钥对数据进行加密，只有用相对应的私钥才能解密；如果用私钥对数据进行加密，那么只有用对应的公钥才能解密。根据两种密钥的使用顺序，可以分为数据加密和数字签名。

1．数据加密

数据加密确保只有预期的接收者才能够解密和查看原始数据，从而提高机密性。传送数据时，发送方使用接收方的公钥加密数据并传送。当接收方收到数据后，再用自己的私钥解密这些数据。如图 8-1 所示。

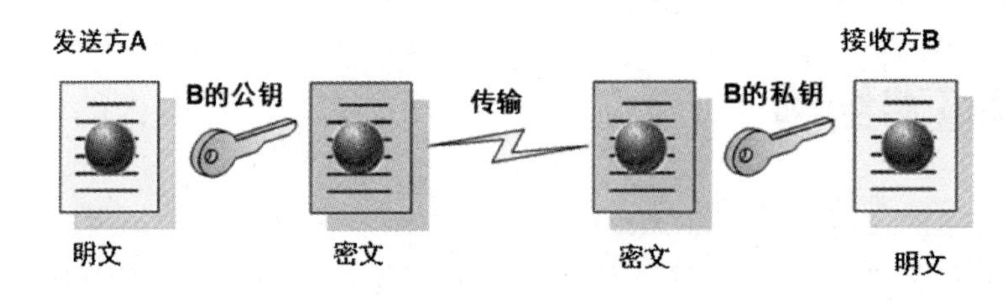

图 8-1 数据加密的过程

数据加密能确保发送数据的机密性，但不能检查数据在传输过程中是否完整，不能验证发送方的身份，要解决这个问题，还需要数字签名。

2．数字签名

数字签名具有以下功能。

- ✓ 身份验证：接收方可确认该发送方的身份标识。
- ✓ 数据完整性：证实消息在传输过程中内容没有被修改。
- ✓ 操作的不可否认性：其他用户不可能冒充发送方来发送消息。

用户可以通过数字签名确保数据的完整性和有效性，只需采用私钥对数据进行加密处理，由于私钥仅为个人拥有，从而能够证实签名消息的唯一性。数字签名可以验证消息由签名者自己签名发送，签名者不能否认，消息自签发到接收这段过程中是否发生过修改，签发的消息是否真实。

数据签名的工作原理和过程如下。

① 被发送文件用某种 HASH 算法产生 128 位的数字摘要。

② 发送方用自己的私钥对摘要进行加密，形成数字签名。

③ 将原文和加密的摘要同时传给对方。

④ 对方用发送方的公钥对摘要进行解密，同时对收到的文件用与发送方相同的 HASH

算法产生一个新的摘要。

⑤ 将解密后的摘要和收到的文件与接收方重新产生的摘要相互对比，如两者一致，则说明文件是由发送方发出的，并在传输过程中信息没有被破坏或篡改过。图 8-2 简单表明了数字签名的过程。

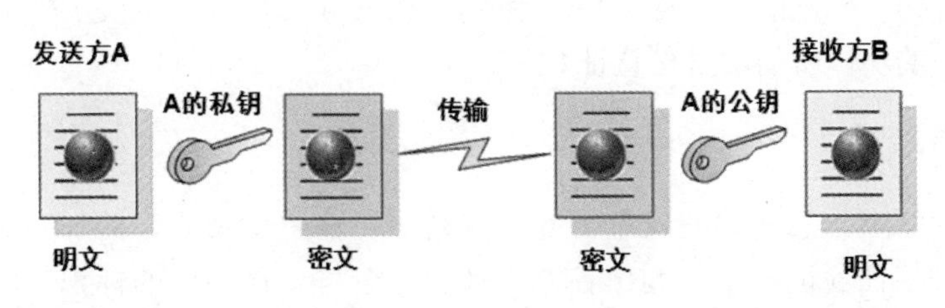

图 8-2 数字签名的过程

如果第三方没有获得发送方的私钥，则无法冒充发送方进行数据签名，从而提供了一个安全确认发送方身份的方法。

8.1.2 PKI 协议

PKI 提供了完整的加密/解密解决方案，因此有许多用于安全通信的协议和服务都是基于 PKI 来实现的，如 SSL、IPSec 等。

1．SSL

SSL（Secure Socket Layer，安全套接字层）是由 Netscape 公司开发，用以保障数据在 Internet 上安全传输。SSL 使用 PKI 数字证书技术保护信息的传输，可确保数据在网络传输过程中不会被截取和窃听，并保证数据完整性，目前的浏览器都支持 SSL。

SSL 协议位于 TCP/IP 协议与各种应用层协议之间，为数据通信提供安全支持。SSL 协议提供的服务主要有：

✓ 认证用户和服务器，确保数据发送到正确的客户机和服务器上。

✓ 加密数据以防止数据中途被窃取。

✓ 维护数据的完整性，确保数据在传输过程中不被改变。

2．HTTPS

HTTPS（Hypertext Transfer Protocol Secure，安全超文本传输协议）是由 Netscape 公司开发，用于对数据进行加密和解密，并返回网络上传回的结果。HTTS 应用安全套接字层（SSL）作为 HTTP 应用层的子层，通过该子层实现身份验证与加密通信。HTTPS 使用端口 443，而不是使用 TCP/IP 的 80 端口通信。

3．IPSec（IP Security）

IPSec（IP Security，IP 安全）协议是一个应用广泛、开放的 VPN 安全协议，目前已经成为最流行的 VPN 解决方案，包括 AH 和 ESP 两种协议。

AH（Authentication Header，验证头）协议为 IP 通信提供数据源认证和数据完整性检验，用来保护通信免受篡改，但并不加密传输内容，不能防止窃听。

ESP（Encapsulating Security Payload，安全负载封装）协议提供数据保密、数据源身份认证、数据完整性保护、重放攻击保护等功能。

8.2 证书颁发机构

证书颁发机构CA也叫数字认证中心，是PKI中的核心部分，是权威的、可信任的、公证的第三方机构，也是电子交易中心信赖的基础。CA的主要功能是产生、分配并管理所有参与网上交易的实体所需的身份认证数字证书。

8.2.1 证书

为保证网络上信息传输的安全，除了在通信传输中采用更强的加密算法措施以外，还必须建立一种信任验证机制，通信各方必须有一个可以被验证的标识，即数字证书。数字证书是一种权威性的电子文档，由权威公正的第三方机构CA签发。它以数字证书为核心加密技术，对网络上传输的信息进行加密和解密、数据签名和签名验证，确保网络上信息传输的机密性、完整性、通信双方身份的真实性、签名信息的不可否认性，从而保障网络应用的安全性。

通常数字证书包含以下信息。

✓ 使用者的公钥。

✓ 使用者标识信息（如名称和电子邮件地址）。

✓ 有效期（证书的有效时间）。

✓ 颁发者标识信息。

✓ 颁发者的数字签名，用来证明使用者的公钥和使用者的标识信息之间的绑定关系是否有效。

证书只有在指定的期限内才有效，每个证书都包含"有效起始日期"和"有效终止日期"，一旦过了证书的有效期，证书使用者必须重新申请新的证书。

8.2.2 证书颁发过程

CA可以自己创建，也可以由第三方机构搭建。在复杂的认证体系中，CA分为不同的层次，各层CA按照目录结构形成一棵树。在CA体系结构中，根CA处于核心地位，功能是颁发和管理数字证书，具体功能如下。

✓ 处理证书申请。

✓ 鉴定申请者是否有资格接收证书。

✓ 证书发放，即向申请者颁发或拒绝颁发数字证书。

✓ 证书更新，即接收并处理用户的数字证书更新请求。

✓ 接收用户数字证书的查询、撤销。

✓ 产生和发布证书吊销列表。

✓ 数字证书、密钥、历史数据归档。

假设某用户要申请一个证书，以实现安全通信，申请流程如图8-3所示。

① 证书申请。用户生成密钥对，根据个人信息填好申请证书的信息，并提交证书申请信息。

② RA确认用户。在企业内部网中，一般使用手工验证的方式，这样更能保证用户信息的安全性和真实性。

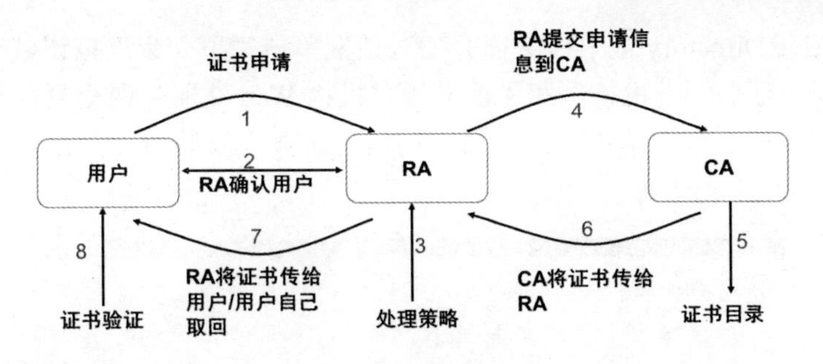

图 8-3　证书申请和颁发

③ 证书策略处理。如果验证请求成功，系统指定的策略就被运用到这个请求上，如名称的约束、密钥长度的约束等。

④ RA 提交用户申请信息到 CA。RA 用自己的私钥对用户申请信息签名，保证用户申请信息是 RA 提交给 CA 的。

⑤ CA 用自己的私钥对用户的公钥和用户信息 ID 进行签名，生成电子证书。这样，CA 就将用户的信息和公钥捆绑在一起了。然后 CA 将用户的数字证书和用户的公用密钥公布到目录中。

⑥ CA 将电子证书传送给批准该用户的 RA。

⑦ RA 将电子证书传送给用户（或者用户主动取回）。

⑧ 用户验证 CA 颁发的证书，确保自己的信息在签名过程中没有被篡改，而且通过 CA 的公钥验证这个证书确实由所信任的 CA 机构颁发。

Windows Server 2008 操作系统可以构建 CA，需要安装证书服务。

8.2.3　安装证书服务

证书服务是 Windows Server 2008 的一个服务器角色，添加的具体步骤如下。

① 在域控制器上的“管理工具”中打开“服务器管理器”窗口，选择“角色”→“添加角色”，打开“添加角色向导”。单击“下一步”按钮，进入“选择服务器角色”对话框，选择“Active Directory 证书服务”复选框，单击“下一步”，如图 8-4 所示。

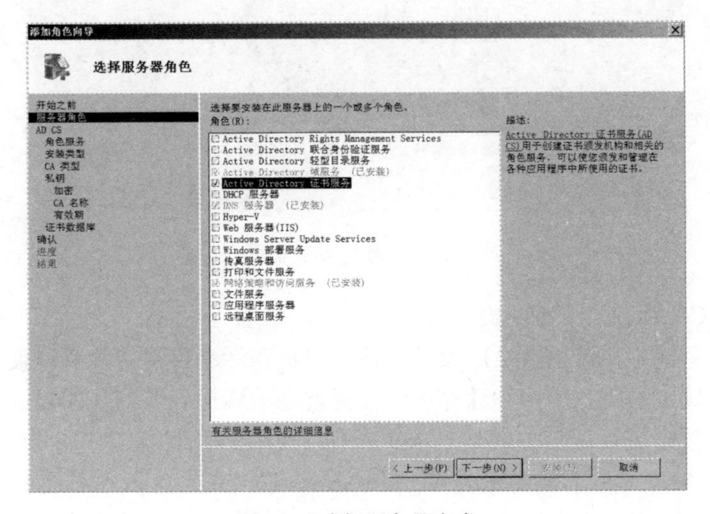

图 8-4　选择服务器角色

② 在“Active Directory 证书服务简介”对话框单击“下一步”按钮，在“选择角色服务”对话框选择“证书颁发机构”和“证书颁发机构 Web 注册”两个复选框，弹出是否添加必需的角色服务提示框，单击“添加所需的角色服务”安装所需的角色服务和功能，如图 8-5 所示。

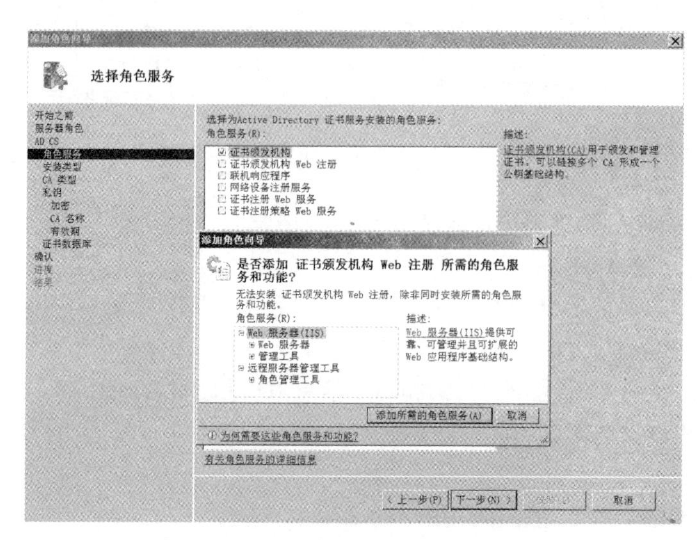

图 8-5 选择角色服务

③ 在“指定安装类型”对话框选择“企业”，单击“下一步”按钮，如图 8-6 所示。

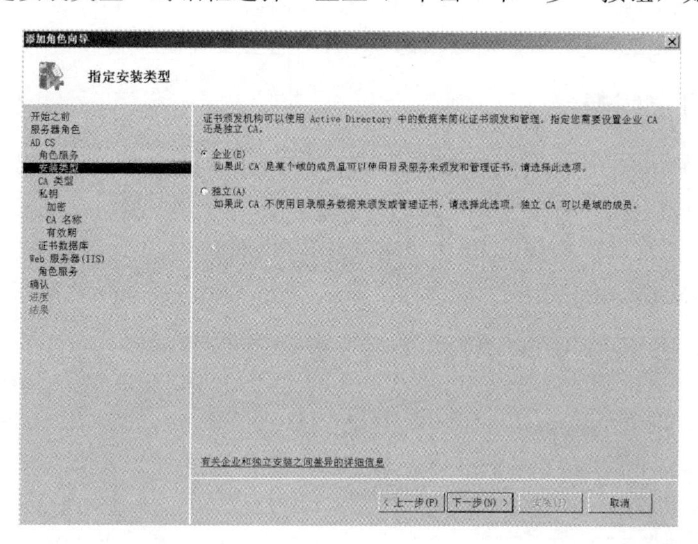

图 8-6 指定安装类型

CA 有企业 CA 和独立 CA 两类。

a．企业 CA：企业 CA 需要 AD 服务，即计算机在活动目录中才可以使用；当安装企业根 CA 时，对于域中的所有用户和计算机，都会被自动添加到受信任的根证书颁发机构的证书存储区中；必须是域管理员，或是对 AD 具有写权限的管理员，才能安装企业根 CA。

b. 独立 CA：独立 CA 不需要使用 AD 目录服务，独立 CA 可以在涉及 Extranet 和 Internet 时使用。向独立 CA 提交证书申请时，证书申请者必须在证书申请中明确提供所有关于自己的标识信息以及所需的证书类型（向企业 CA 提交证书申请时无需提供这些信息，因为企业用户的信息已经在 AD 中）。默认情况下，发送到独立 CA 的所有证书申请都被设置为挂起，直到独立 CA 的管理员验证申请者的身份并批准申请。这完全是出于安全性的考虑，因为证书申请者的凭证还没有被独立 CA 验证。

④ 在“指定 CA 类型”对话框选择“根 CA”，单击“下一步”按钮，如图 8-7 所示。

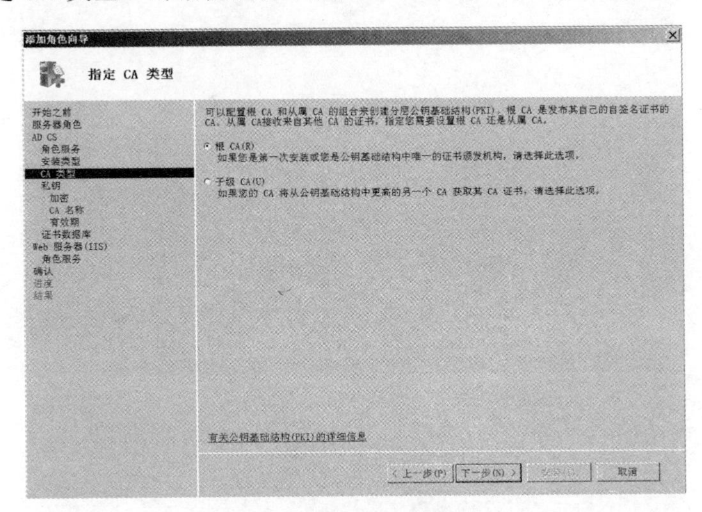

图 8-7　指定 CA 类型

企业 CA 又分为企业根 CA 和企业子级 CA；独立 CA 也分为独立根 CA 和独立子级 CA。

a．根 CA 是指在组织的 PKI 中最受信任的 CA。一般情况下，根 CA 的物理安全性和证书颁发策略都比下级 CA 更严格。如果根 CA 的安全性受到威胁或者向未授权的机构颁发了证书，则组织中任何基于证书的安全性都很容易受到攻击。虽然根 CA 也可以向最终用户颁发证书，但是在大多数情况中，根 CA 只是用于向其他 CA（称为从属 CA）颁发证书。

b．子级 CA 是由组织中的另一 CA（一般是根 CA）颁发证书的 CA。通常，子级 CA 为特定的任务（如安全的电子邮件、基于 Web 的身份验证或智能卡验证）颁发证书，一般可以给用户和计算机颁发证书。子级 CA 还可以向其他更下级的 CA 颁发证书。

⑤ 在“设置私钥”对话框选择“新建私钥”，单击“下一步”按钮，如图 8-8 所示。

⑥ 在“为 CA 配置加密”对话框使用默认的加密服务程序、哈希算法和密钥长度，单击“下一步”按钮，如图 8-9 所示。

a．加密服务提供程序（CSP）：是执行身份验证、编码和加密服务的程序，基于 Windows 的应用程序通过 Microsoft 加密应用程序编程接口（CryptoAPI）访问该程序。每个 CSP 提供不同的 CryptoAPI，某些还提供更强大的加密算法，而另外一些则使用硬件组件（如智能卡）。加密服务提供程序列表中填充了计算机上满足以下配置选项组合所指定条件的所有可用提供程序。

b．哈希算法：通过此选项，可以选择高级哈希算法。默认情况下，可以使用 AES-GMAC、MD2、MD4、MD5、SHA1、SHA256、SHA384 以及 SHA512 等算法。

c．密钥长度：通过此选项，可以指定在所选算法中使用的密钥所需的最小长度。默认情况下将使用计算机上受所选算法支持的最小密钥长度。密钥的长度越长越安全，对于根 CA，应使用长度至少为 2048 位的密钥。

⑦ 在“配置 CA 名称”对话框设置 CA 名称，这里采用默认名称，如图 8-10 所示。

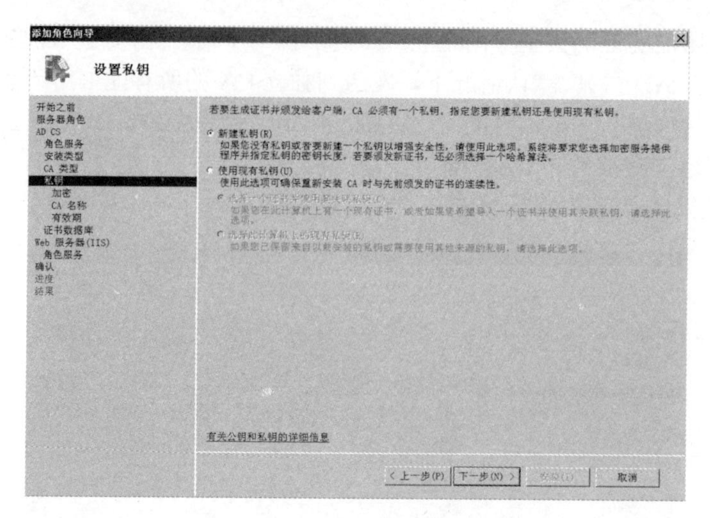

图 8-8　设置私钥

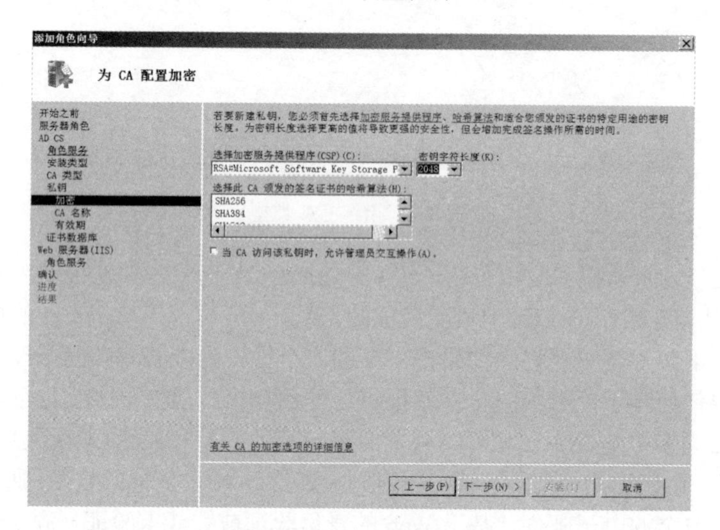

图 8-9　为 CA 配置加密

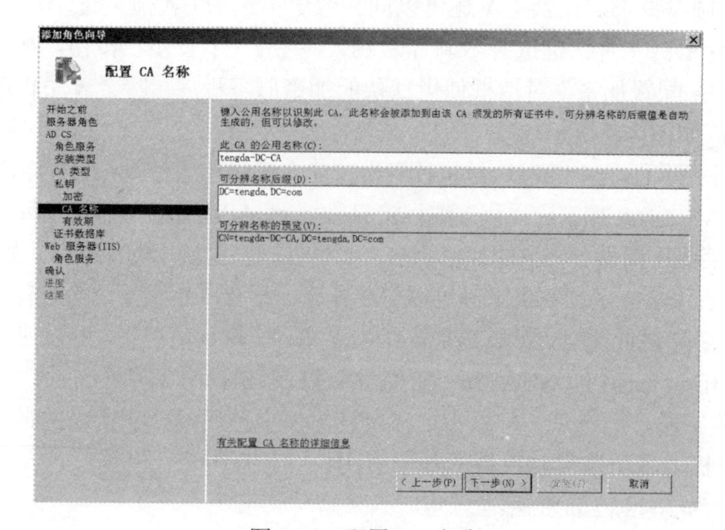

图 8-10　配置 CA 名称

⑧ 在“设置有效期”对话框使用默认的五年有效期，单击“下一步”按钮；在“配置证书数据库”对话框使用默认的保存位置，单击“下一步”按钮。

⑨ 在“Web 服务器（IIS）”对话框单击“下一步”按钮；在“选择角色服务”对话框单击“下一步”按钮；最后在“确认安装选择”对话框单击“安装”；在“安装结果”页面显示安装成功，单击“关闭”按钮。

⑩ 安装完成后，可以选择 “管理工具”→“证书颁发机构”，打开证书颁发机构管理器来管理 CA，如图 8-11 所示。

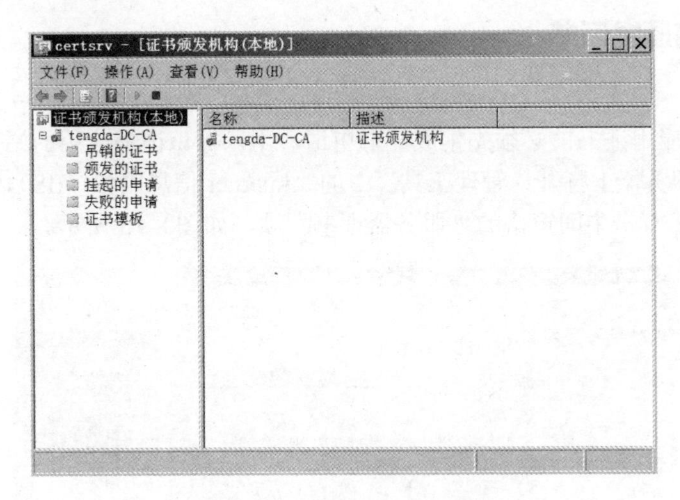

图 8-11 证书颁发机构管理器

⑪ 用户可以使用 Web 浏览器访问“http://CA 主机名或 IP 地址/certsrv/”（访问该目录时需要提供用户名和密码）来连接 CA 网站，申请证书，如图 8-12 所示。

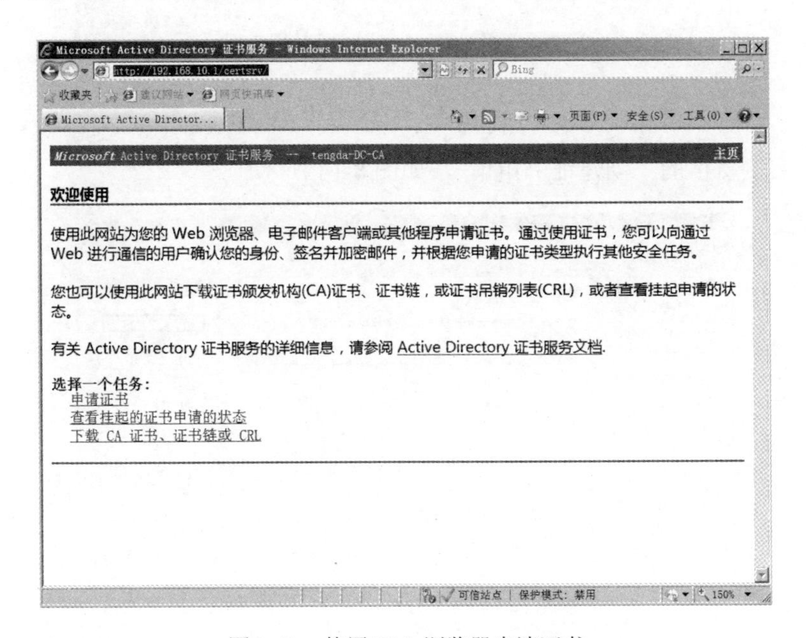

图 8-12 使用 Web 浏览器申请证书

8.3 网站证书应用

在访问 Web 网站时，如果没有安全措施，用户访问的数据有可能被他人使用网络工具捕获并分析出来，为网站申请 SSL 证书可加强网站安全性。如果网站要对一般因特网用户提供服务，应该向权威的 CA 申请证书，如 VerSign、Entrust 等；如果网站只是对内部员工、企业合作伙伴提供服务，则可以利用 Active Directory 证书服务来架设 CA，并向 CA 申请证书。

8.3.1 申请与颁发证书

1. 申请证书

为 Web 站点应用证书前必须先生成证书申请，用以标识证书应用的站点。

① 在 Web 服务器上打开“管理工具”中的“Internet 信息服务（IIS）管理器”，在左侧窗格选择服务器，双击中间窗格的“服务器证书”项，如图 8-13 所示。

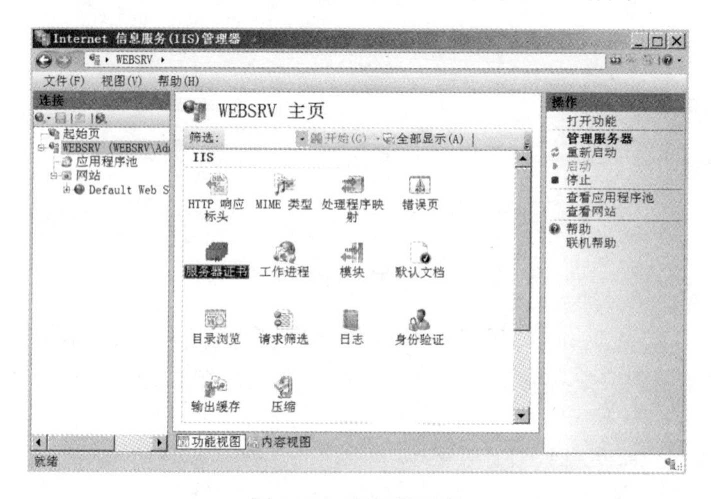

图 8-13　服务器证书

② 单击右侧窗格的“创建证书申请”，如图 8-14 所示。

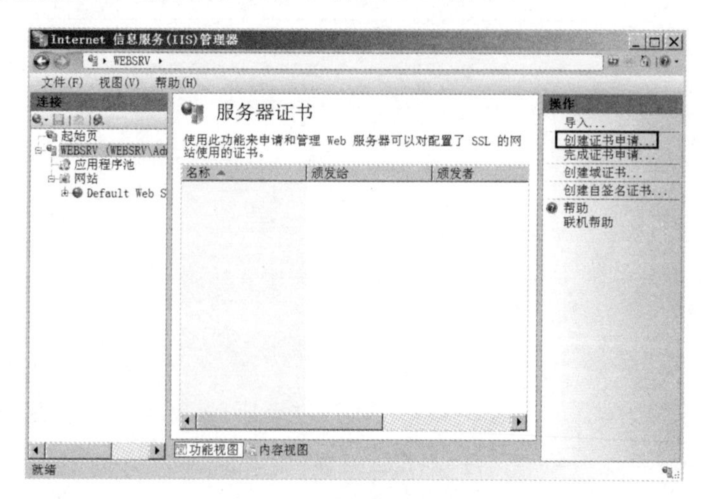

图 8-14　创建证书申请

③ 在打开的“可分辨名称属性”对话框，输入证书的相关信息，单击“下一步”按钮，如图 8-15 所示。

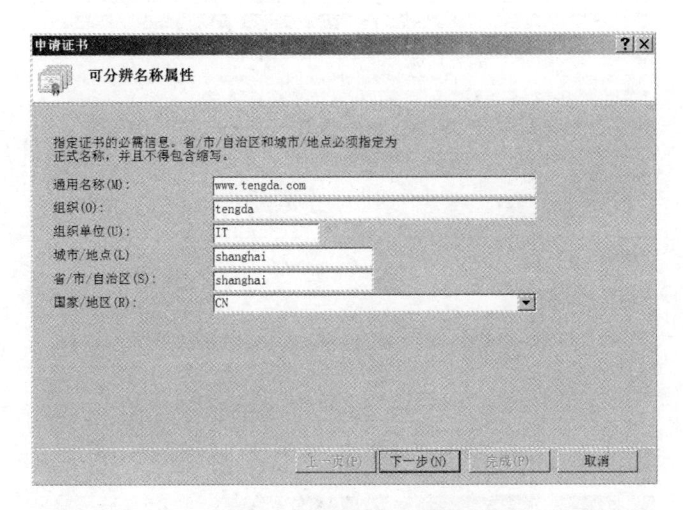

图 8-15　指定证书的信息

注意

在实际应用中，申请证书的通用名称必须和申请的域名完全一致。

④ 在“加密服务提供程序属性”对话框，使用默认的加密程序和密钥长度，单击“下一步”按钮。

⑤ 在“文件名”对话框为该证书申请指定一个文件名和保存位置，单击“完成”按钮，完成证书申请的创建，如图 8-16 所示。

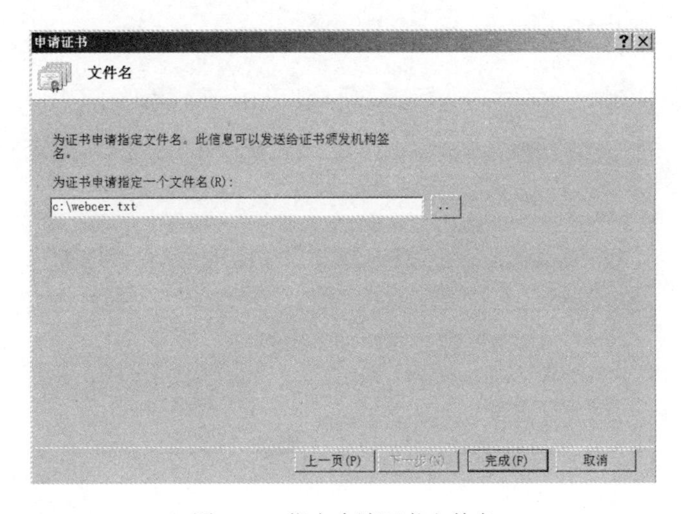

图 8-16　指定申请证书文件名

2．提交证书申请

① 通过浏览器访问“http://CA 主机 IP 地址/certsrv/”，单击“申请证书”，如图 8-17 所示。

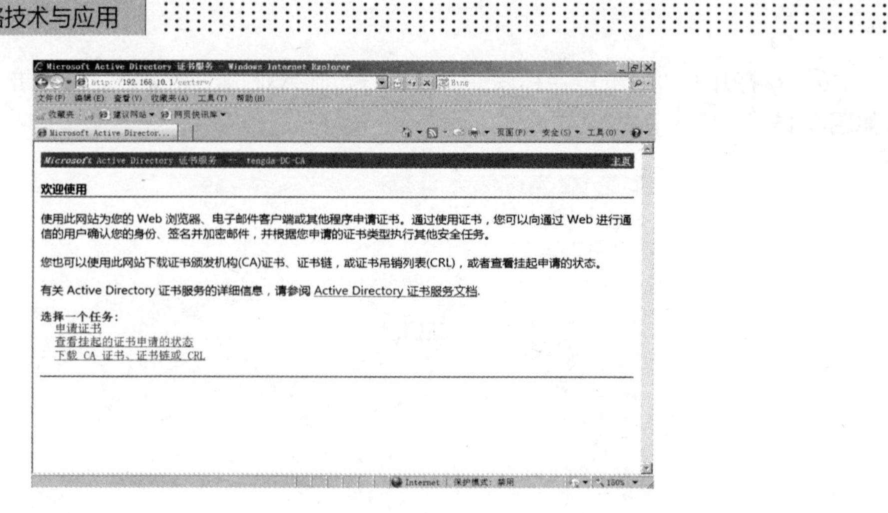

图 8-17　申请证书

② 在“申请一个证书”页面单击“高级证书申请”，如图 8-18 所示。

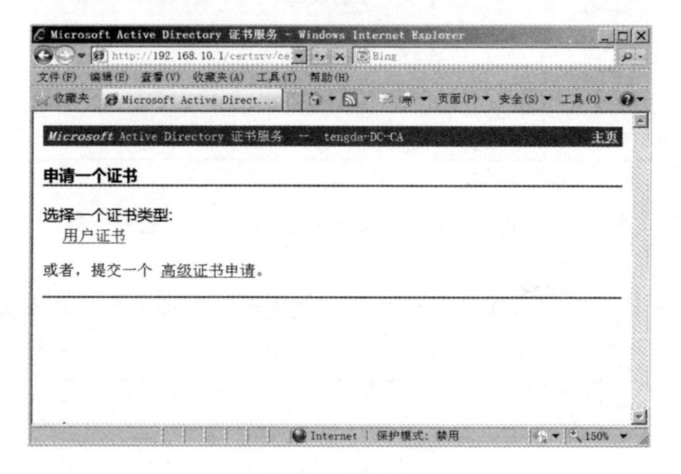

图 8-18　高级证书申请

③ 在“高级证书申请”页面中，选择第二项，使用 Base64 编码的证书申请，如图 8-19 所示。

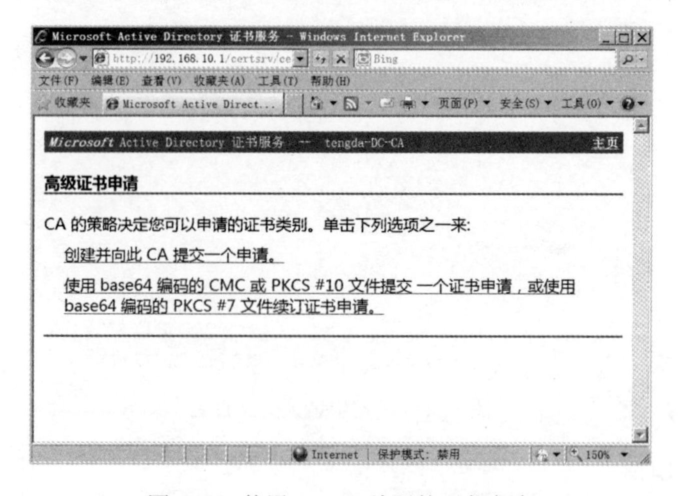

图 8-19　使用 Base64 编码的证书申请

④ 打开证书申请文件 c:\certificate.txt，复制申请文件全部内容。在“提交一个证书申请或续订申请”页面，将复制的证书申请内容粘贴到“保存的申请：”文本框中，在“证书模板”下拉列表中选择“Web 服务器”，单击“提交”按钮，如图 8-20 所示。

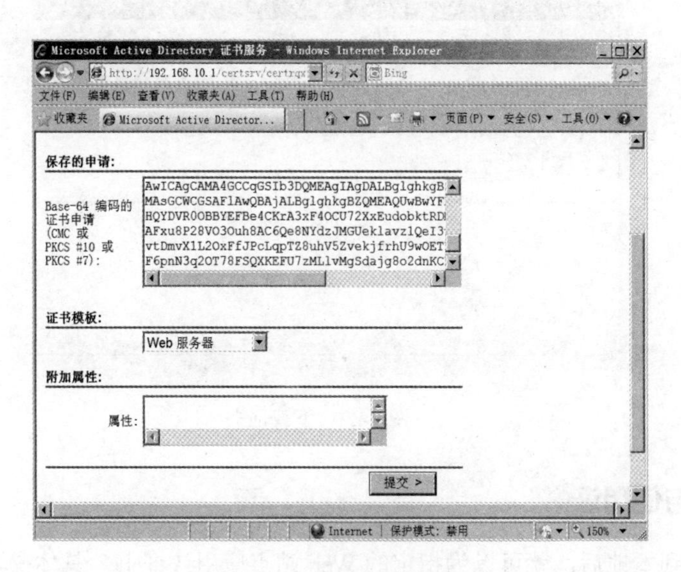

图 8-20　提交证书申请

3．颁发证书

如果使用的是企业 CA，在提交申请后 CA 会自动颁发证书，以上操作是使用企业 CA，所以证书会自动颁发，如图 8-21 所示；如果是独立 CA，则需要人工操作颁发证书，打开独立 CA，在左侧窗格选择“挂起的申请”，在右侧窗格右键单击申请，选择“所有任务”→“颁发”，为该申请颁发证书。

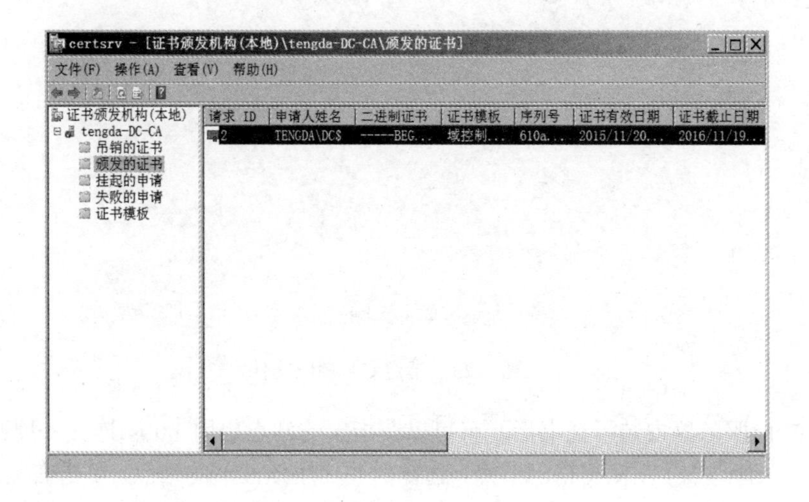

图 8-21　已颁发的证书

证书颁发完成后，在“证书已颁发”页面，选择“Base64 编码”，单击“下载证书”，将证书保存到本地，如图 8-22 所示。

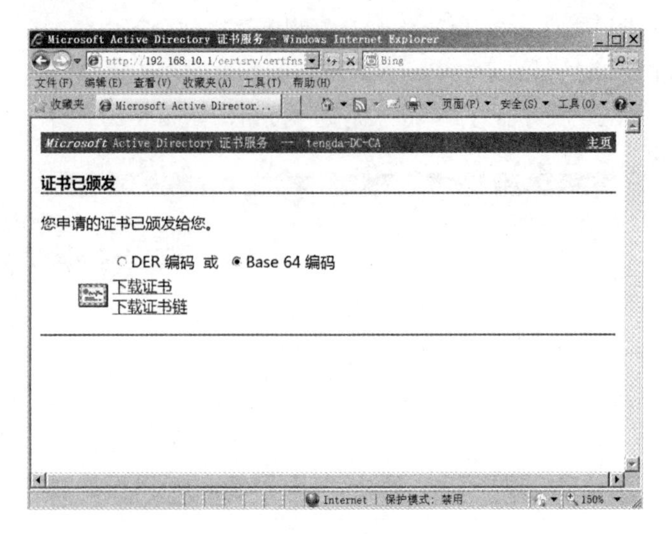

图 8-22　下载证书

8.3.2 安装与使用证书

将证书下载到本地后，就可以为指定的 Web 站点应用该证书。具体操作步骤如下。

① 单击图 8-14 中右侧窗格的“完成证书申请”，在“指定证书颁发机构响应”对话框输入已下载的数字证书文件的路径和文件名，并给该文件起个好记的名称，单击“确定”按钮，完成证书的申请和安装。如图 8-23 所示。

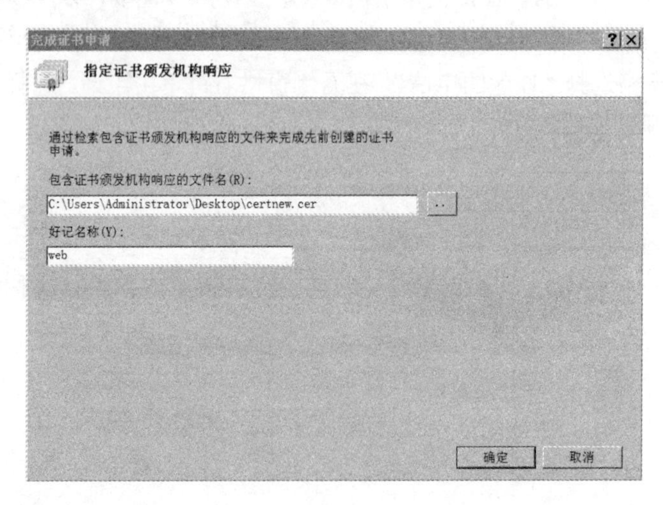

图 8-23　指定 CA 响应文件

② 当 Web 服务器安装了证书后，就可以在指定的站点启用 https 连接。展开“Internet 信息服务（IIS）管理器”左侧窗格的节点，选择需要使用该证书的站点，单击右侧窗格的“绑定…”，如图 8-24 所示。

③ 在“网站绑定”对话框单击“添加”按钮，出现“添加网站绑定”对话框，在“类型”下拉列表框中选择“https”，在“SSL 证书”下拉列表框中选择先前安装的证书“web”，单击“确定”按钮，如图 8-25 所示。

图 8-24　设置站点绑定

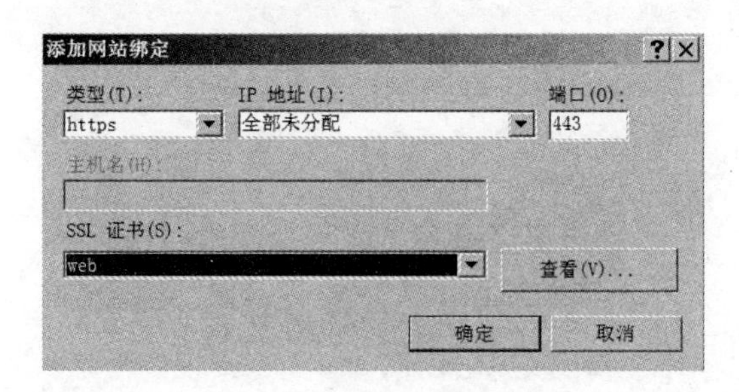

图 8-25　添加网站绑定

当为站点设置 https 类型的绑定后，还需要修改站点的 SSL 设置。展开“Internet 信息服务（IIS）管理器”左侧窗格的节点，选择需要使用证书的站点，双击中间窗格的“SSL 设置”，进入 SSL 设置页面，如图 8-26 所示。

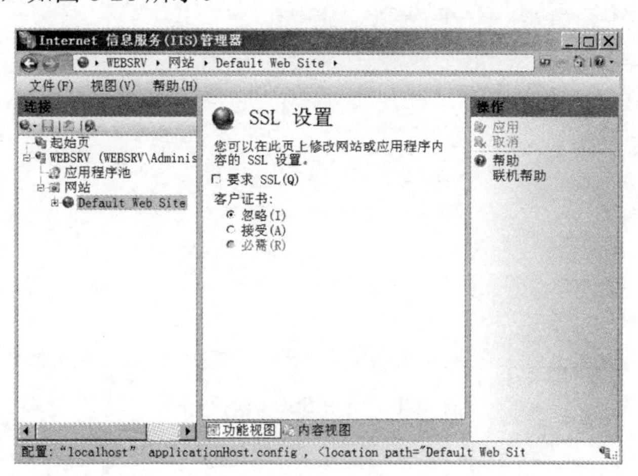

图 8-26　SSL 设置

如果需要强制用户使用 SSL 方式连接站点，则选择“要求 SSL”复选框。选择此项后，用户只能以 https 协议连接站点。在“SSL 设置”页面还可以设置是否需要客户端证书。

✓　忽略：无论用户是否拥有证书，都将被授予访问权限，客户端不需要申请和安装客户端证书。

✓ 接受：用户可以使用客户端证书访问资源，但证书并不是必需的，客户端不需要申请和安装客户端证书。

✓ 必需：服务器在将用户与资源连接之前要验证客户端证书，客户端必须申请和安装客户端证书。

④ 当安装证书并为站点添加https类型绑定后，用户就可以使用https方式连接站点，此时系统会弹出一个安全报警窗口，如图8-27所示。选择“继续浏览此网站（不推荐）”，可以查看网站内容，如图8-28所示。

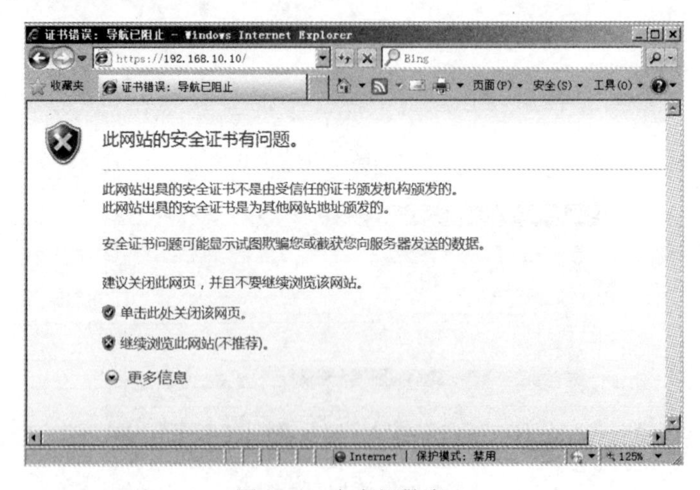

图8-27 安全报警窗口

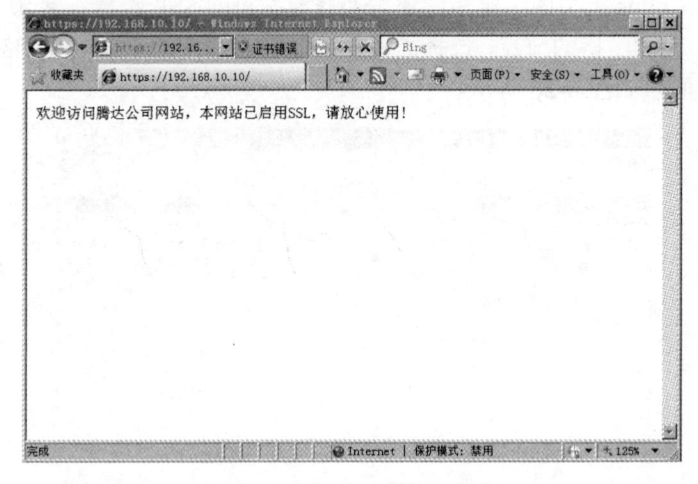

图8-28 使用SSL访问网站

注意

1. 如果没有在“SSL设置”页选择“要求SSL”复选框，并且站点还有https类型绑定，那么用户还可以使用https方式访问此站点。如果选择了“要求SSL”复选框，当用户使用https方式访问时将会弹出错误提示。

2. 图8-27中出现的安全报警是因为当前的证书不是Internet上的公信CA或不是同一个域内企业CA颁发的，不被信任。另外，浏览器版本不同，安全报警的显示方式会有所不同。

8.3.3　导出与导入证书

如果安装了证书的网站需要重新创建，新网站不需要重新申请和安装证书，只需在网站正常时将安装的证书导出为一个文件，存放在可靠的位置，重新搭建网站后再导入证书即可。

1．导出证书

在 Web 服务器上打开“Internet 信息服务（IIS）管理器”窗口，选择服务器名称，双击中间窗格的“服务器证书”，显示了当前服务器安装的证书，如图 8-29 所示。

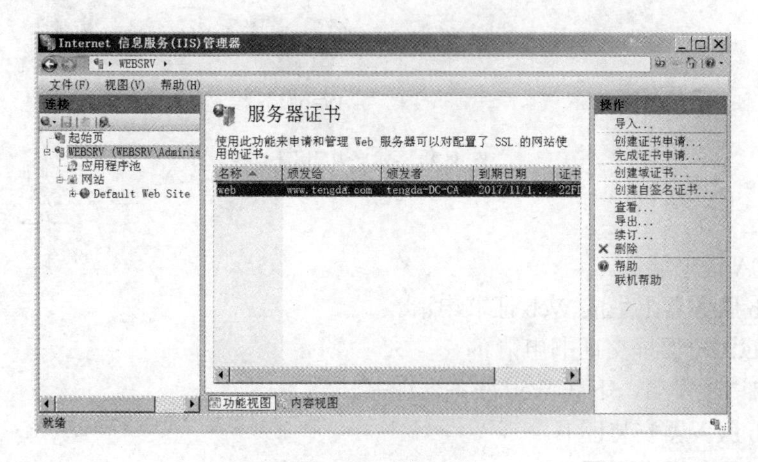

图 8-29　选择证书

选择要导出的证书，单击右侧的“导出”按钮，在“导出证书”对话框中指定导出路径、文件名及密码，单击“确定”按钮，如图 8-30 所示。

2．导入证书

重建完 Web 服务器后就可以导入先前导出保存的证书，不要求是同一台服务器，但要保证使用该证书的站点的域名或 IP 地址要与证书相匹配。在重建的 Web 服务器上打开“Internet 信息服务（IIS）管理器”，选择服务器名称，双击中间窗格的“服务器证书”，单击右侧操作窗格的“导入”，在“导入证书”对话框中，输入证书路径、文件名和密码，单击“确定”，完成证书导入，如图 8-31 所示。

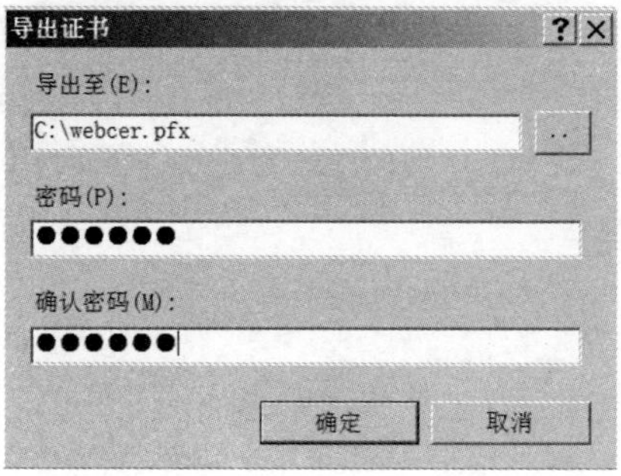

图 8-30　导出证书

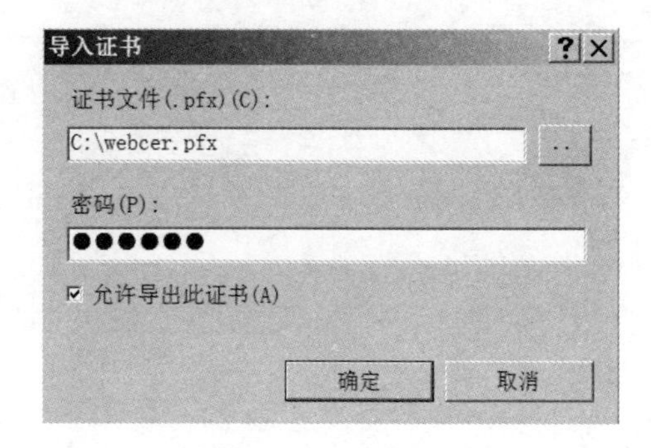

图 8-31　导入证书

8.4 实验案例

某公司的 Web 站点域名 www.huoxingren.com，该网站将成为网上交易平台，要运行重要的商务信息，需要在 Web 浏览器与 Web 服务器之间建立安全通道，使用加密的信息传输协议，以保证用户访问时输入的用户名、密码和访问数据在传输过程中的安全性。拓扑设计如图 8-32 所示。

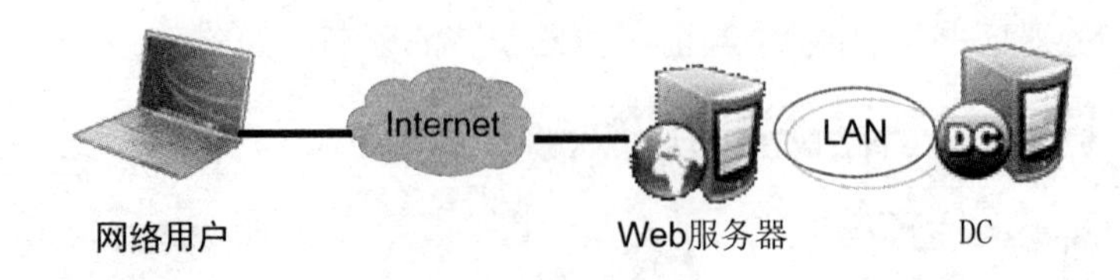

图 8-32 实验拓扑图

推荐步骤：

- 安装 CA 证书服务。
- 在 Web 服务器上生成 Web 证书申请。
- 通过 IE 浏览器提交证书申请。
- 证书申请颁发后，下载 Web 服务器证书。
- 为 Web 服务器安装证书。
- 在 Web 服务器上配置 SSL。
- 使用 HTTPS 协议访问网站验证结果。

✧ 思考题

- 什么是数据加密？简述其主要过程。
- 什么是数字签名？简述其主要过程。
- 证书中通常会包含哪些信息？
- 在安装证书服务时，企业 CA 和独立 CA 有什么区别？
- 在网站上启用 SSL 有什么作用？

第 9 章 远程桌面服务

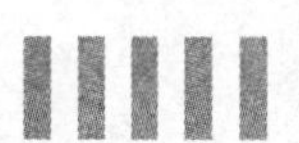

学习目标

- 了解常用终端和远程桌面服务的作用；
- 学会部署远程桌面服务；
- 学会使用 RemoteApp 部署软件。

9.1 部署远程桌面服务

计算机的更新换代极快，新购置的计算机几年后运行速度就会变慢，尤其是在运行一些较大的应用程序时，用户总是抱怨运行速度太慢或死机等。为了解决这个问题，微软公司推出了远程桌面服务（RDS，Remote Desktop Service），管理员可以在远程桌面服务器上集中部署应用程序，以虚拟化的方式为用户提供访问，用户不必在自己的计算机上再次安装应用程序。当用户通过远程桌面调用服务器上的应用程序时，该程序如同运行在自己的计算机上一样，实际上使用的是服务器的资源。

9.1.1 终端

终端是与计算机主机相连的用户端设备，如图 9-1 所示。终端从键盘或鼠标接收用户的输入，并将这些输入发送到位于中心的计算机主机，由主机处理用户的请求，输出到终端显示器上。

常用作终端的设备有以下几种。

1．瘦客户机

瘦客户机（Thin Client）是一种小型的商用机，如图 9-2 所示。瘦客户机没有高速的 CPU 和大容量内存，使用低功耗的处理器和小型内存，没有硬盘，使用固化的小型操作系统，通过网络使用服务器的计算和存储资源，为企业降低 IT 投入和维护成本。

2．PC

PC（Personal Computer）即个人计算机，在 PC 上安装并运行终端仿真程序，使 PC 可以连接并使用服务器的计算和存储资源。

3．手机终端

手机终端是手机无线网络接收端的简称。通过在手机上安装应用程序连接并使用服务器资源。

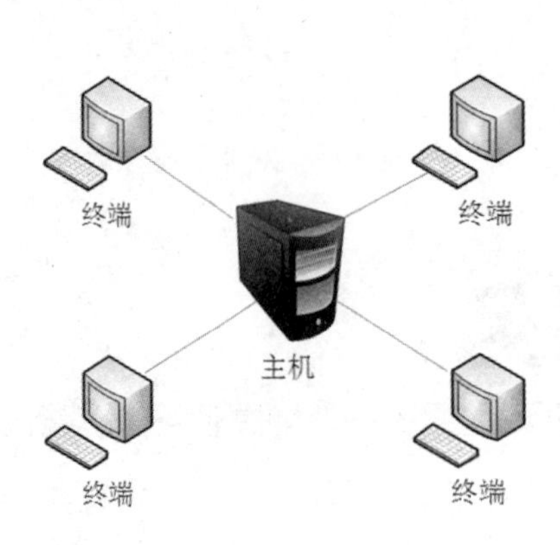

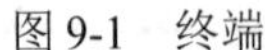
图 9-1 终端

图 9-2 瘦客户机

9.1.2 部署 Windows 远程桌面服务

Windows Server 2008 中的远程桌面服务使用 RDP 协议，提供 RemoteApp 和 RD Web 访问等多项功能。

1．添加远程桌面服务

远程桌面服务是 Windows Server 2008 的一个服务器角色，添加的具体步骤如下。

① 在“添加角色向导”对话框选择“远程桌面服务”，单击“下一步”按钮，如图 9-3 所示。

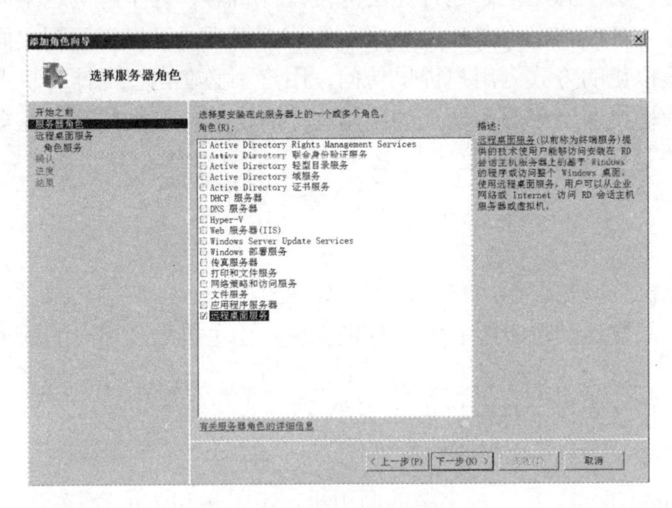

图 9-3 添加远程桌面服务

② 在“远程桌面服务简介”对话框单击“下一步”按钮，选择需要的角色服务“远程桌面会话主机”和“远程桌面 Web 访问”，支持此功能的角色也一并安装，如图 9-4 所示，各角色服务功能如下。

✓ 远程桌面会话主机：使服务器可以托管基于 Windows 的程序或完整的 Windows 桌面，用户可连接到远程桌面会话主机服务器来运行程序、保存文件，以及使用该服务器上的网络资源。

✓ 远程桌面虚拟化主机：集成了 Hyper-V 以托管虚拟机，并将这些虚拟机作为虚拟桌面提供给用户。可以将唯一的虚拟机分配给组织中的每个用户，或为它们提供对虚拟机池的共享访问。

✓　远程桌面授权：管理每台设备或用户与远程桌面会话主机服务器连接所需的远程桌面服务客户端访问许可证，客户端要拥有访问许可证才可以连接到终端服务器。

✓　远程桌面连接代理：支持负载平衡远程桌面会话主机服务器场中的会话负载平衡和会话重新连接。远程桌面连接代理还用于通过 RemoteApp 和桌面连接为用户提供对 RemoteApp 程序和虚拟机的访问。

✓　远程桌面网关：使授权的远程用户可以从任何连接到 Internet 的设备连接到企业内部网络资源。

✓　远程桌面 Web 访问：使用户可以通过运行 Web 浏览器访问 RemoteApp 和桌面连接。

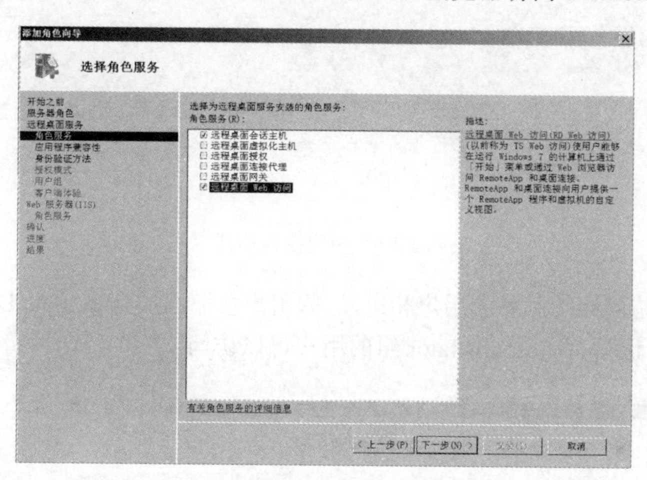

图 9-4　选择角色服务

③ 在“卸载并重新安装兼容的应用程序”对话框单击“下一步”按钮。此对话框是为了防止在部署 RemoteApp 程序时出现不可用的情况，建议在配置终端服务后安装供用户使用的应用程序。在“指定远程桌面会话主机的身份验证方法”对话框选择“不需要使用网络级别身份验证”，即兼容低版本的 Windows 客户端，单击“下一步”按钮，如图 9-5 所示。

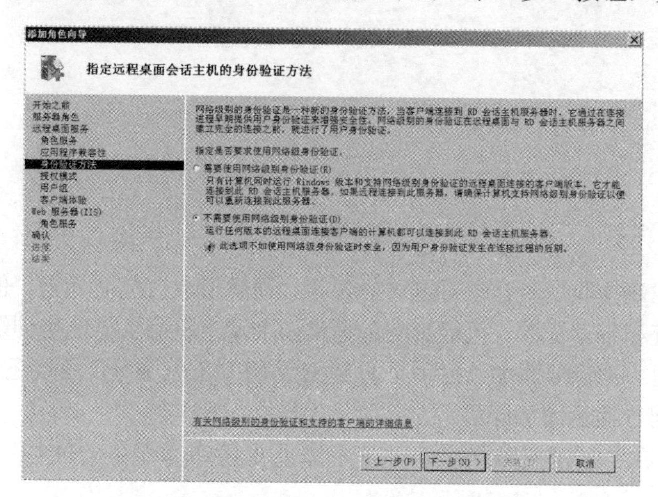

图 9-5　选择身份验证方法

④ 部署远程桌面服务需要额外购买微软的授权许可证，由于有 120 天的宽限期，可以在“指定授权模式”对话框选择“以后配置”，单击“下一步”按钮，如图 9-6 所示。

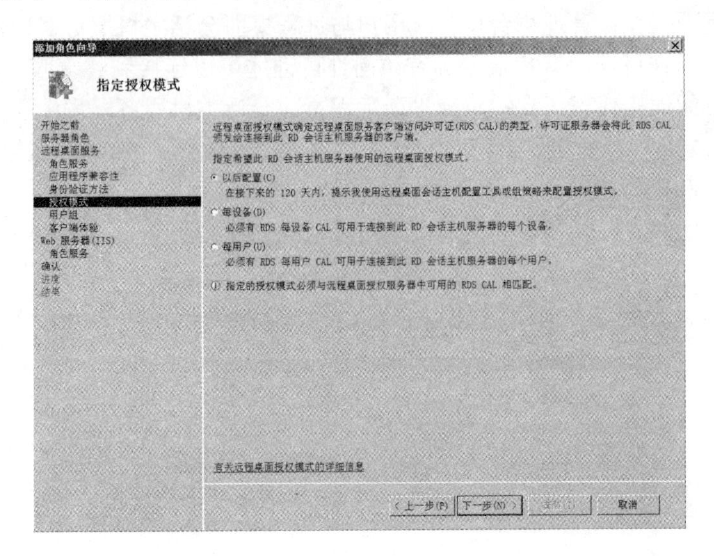

图 9-6　指定授权模式

⑤ 添加可以访问终端服务的用户和组，这些用户会被添加到 Remote Desktop Users 组中，如图 9-7 所示，默认只有 Administrator 组的用户可以访问。

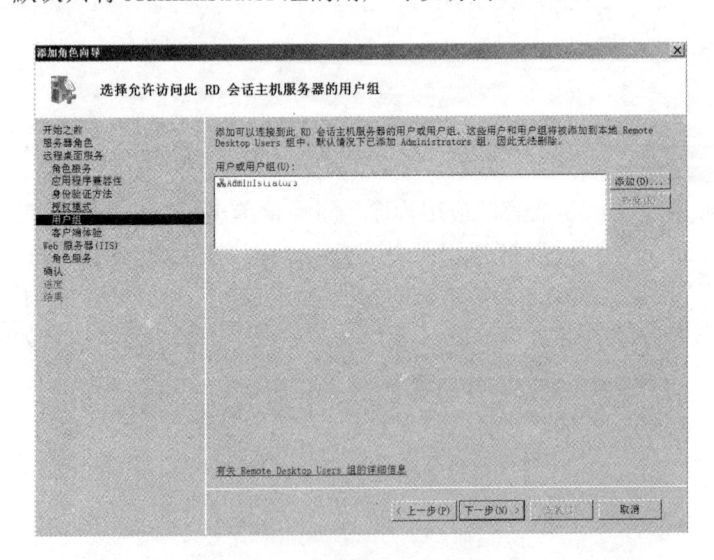

图 9-7　添加用户和组

⑥“配置客户端体验”对话框可以选择音频、视频播放或桌面元素，但如果选择提供此功能需要附加系统和带宽资源，可能影响远程桌面会话主机服务器的可伸缩性，建议直接单击“下一步”按钮。由于要添加“远程桌面 Web 访问”角色服务，所以还要添加 IIS 服务以支持此角色，按向导提示添加即可。

⑦ 安装完成后，显示安装结果，并提示需要重新启动服务器才能完成安装过程，如图 9-8 所示。

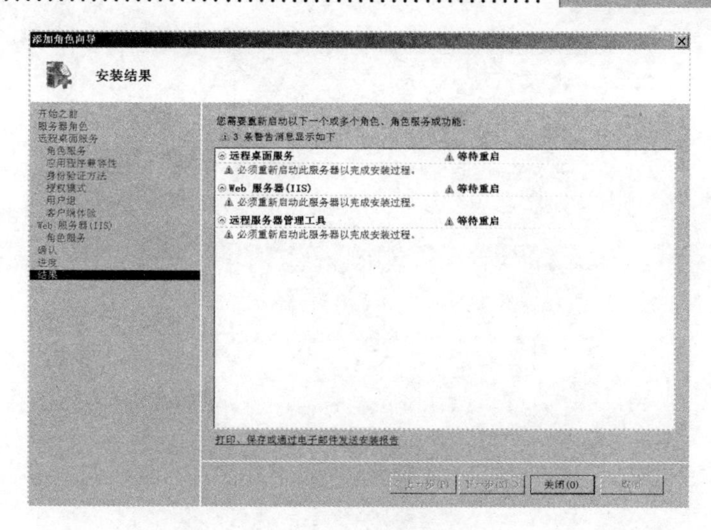

图 9-8　安装结果

2．远程桌面服务配置

远程桌面服务安装完成后，用户就可以通过远程桌面连接到远程桌面服务器。如果远程桌面服务器上安装有多块网卡，可以为每块网卡单独配置一个远程桌面连接，用户就可以使用不同的连接。选择“管理工具”中的“远程桌面”→“远程桌面会话主机配置”，可以打开“远程桌面会话主机配置”窗口。在此窗口中可以配置或修改用户连接的设置，如图 9-9 所示。

在远程桌面会话主机配置管理器的“编辑设置”选项区中，可以修改适用于整台服务器的设置。如限制用户在终端服务器上只能进行一个会话，从而最大限度地减少在远程桌面服务器上创建的远程会话数。

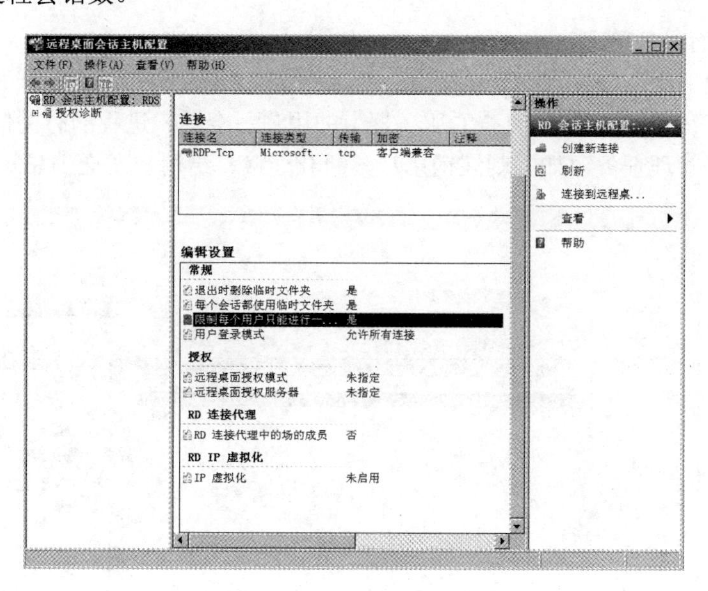

图 9-9　远程桌面会话主机配置

双击“远程桌面会话主机配置”窗口中的“RDP-Tcp”连接，在打开的“RDP-Tcp”属性对话框中可以设置连接安全性，如是否使用网络级别身份验证等，如图 9-10 所示。

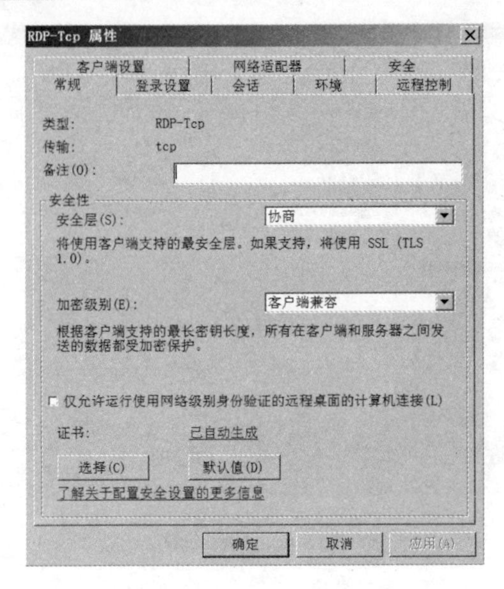

图 9-10 “RDP-Tcp”属性

注意

默认情况下，Windows Server 2008 的计算机上会自动创建并启用一个连接，即使此计算机上没有安装“远程桌面服务”角色。此连接名为 RDP-Tcp，最多允许同时建立两个与该计算机的远程连接。计算机上安装了“远程桌面服务”角色后，RDP-Tcp 连接将更改为允许无限数目的同时远程连接。

3. 远程桌面服务管理

选择“管理工具”中的“远程桌面”→“远程桌面服务管理器”，打开如图 9-11 所示的“远程桌面服务管理器”窗口，可查看服务器上的用户、会话、进程的有关信息并进行监视，还可以执行某些管理任务，如强制注销用户、断开连接、给用户发送消息等。

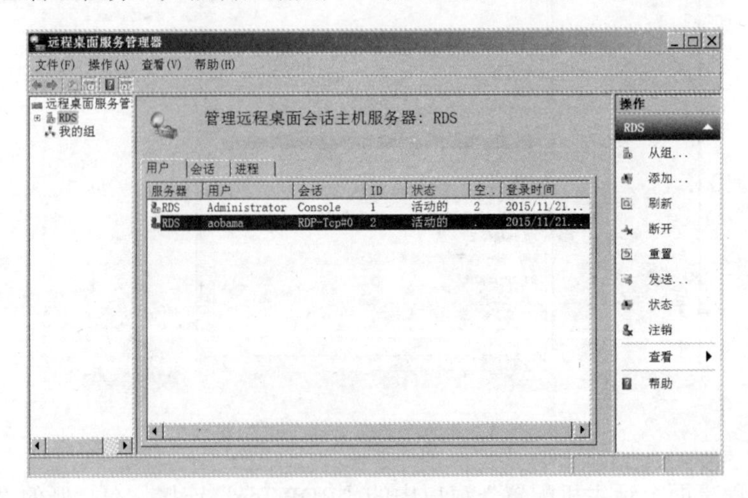

图 9-11 远程桌面服务管理器

4. 用户管理

客户端要有合法的用户才能连接远程桌面服务器，如果要添加/删除远程桌面用户，可以通过为内置组“Remote Desktop Users”添加 /删除用户来完成。在客户端计算机上打开“程序”→“附件”→“远程桌面连接”窗口，输入服务器名或 IP 地址，点击“连接”按钮，根据提示输入远程桌面用户和密码，如图 9-12 所示，即可连接远程桌面服务器。

图 9-12　客户端连接远程桌面服务器

9.2　部署 RemoteApp

RemoteApp 使程序可以通过远程桌面服务进行远程访问，好像运行在用户的本地计算机上一样，这些程序称为 RemoteApp 程序。RemoteApp 程序与客户端的桌面集成在一起，而不是在远程桌面服务器中向用户显示。用户可以通过以下方式访问 RemoteApp 程序。

✓　使用 Web 浏览器通过 RD Web 方式在网站上访问程序链接；

✓　双击由管理员创建并分发的远程桌面协议（.rdp）文件；

✓　在桌面或“开始”菜单双击由管理员使用 Windows Installer(.msi)程序包创建并分发的程序图标。

1. 安装应用程序

在远程桌面服务器上安装应用程序，以安装 Packet Tracer 为例。打开远程桌面服务器的控制面板，单击“在远程桌面服务器上安装应用程序”，弹出如图 9-13 所示的安装向导。单击“下一步”按钮，在安装向导中单击“浏览”按钮，选择要安装的应用程序，按向导提示

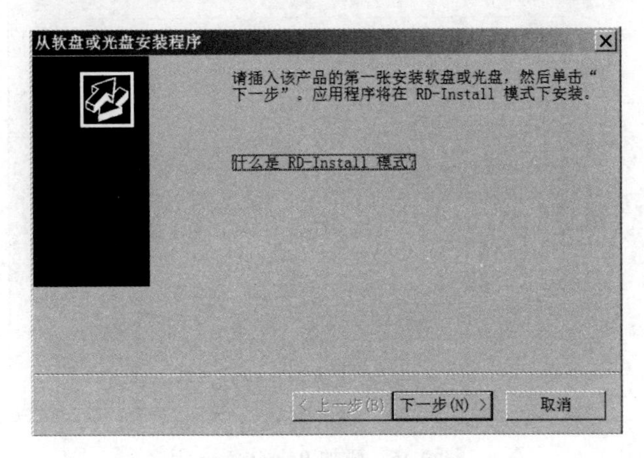

图 9-13　安装应用程序

安装即可。还可以直接双击运行安装程序安装软件，不通过控制面板中的“在远程桌面服务器上安装应用程序”。

2．添加 RemoteApp 程序

① 选择“管理工具”中的“远程桌面服务”→“RemoteApp 管理器”，打开如图 9-14 所示的窗口，在此窗口中可以添加 RemoteApp 程序，并对其进行管理，可以创建.rpd 或者 Windows Installer 程序包。

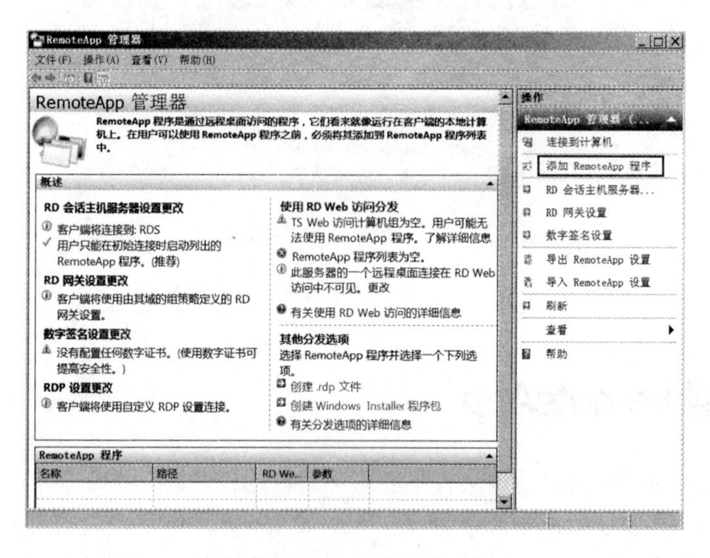

图 9-14 RemoteApp 管理器

② 在“RemoteApp 管理器”窗口单击“添加 RemoteApp 程序”，出现 RemoteApp 向导，根据向导提示，选择要提供给终端用户的应用程序，如图 9-15 所示，单击“下一步”按钮。在“复查设置对话框”显示添加程序的列表信息，单击“完成”按钮，完成添加，如图 9-16 所示。

图 9-15 添加 RemoteApp 程序

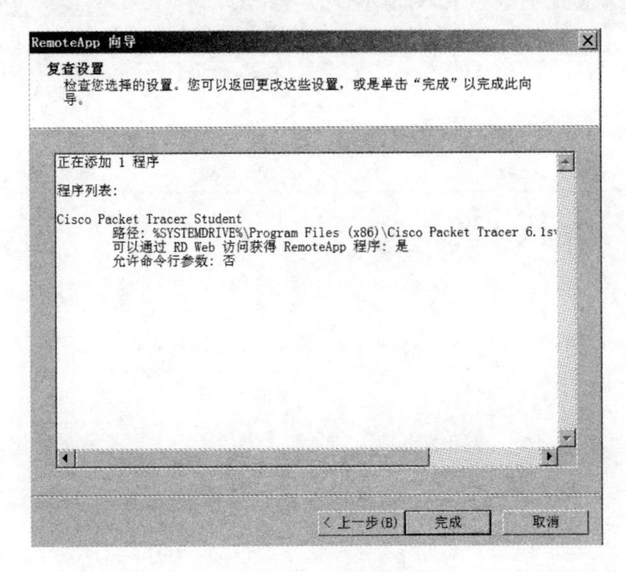

图 9-16　复查设置

3．访问 RemoteApp 程序

用户可以在客户端使用浏览器访问并运行应用程序，如果允许用户使用浏览器访问，要求必须在 RDS 服务器添加“RD Web 访问”角色服务。打开客户机的浏览器，输入 http://服务 IP 地址或主机名/rdweb，如图 9-17 所示。输入有权登录该站点的用户名和密码，点击“登录”按钮，可以查看到所有 RemoteApp 程序，如图 9-18 所示。

双击应用程序图标，弹出如图 9-19 所示的警告，单击“连接”按钮，输入具有远程访问权限的用户名和密码，即可运行应用程序，如图 9-20 所示。

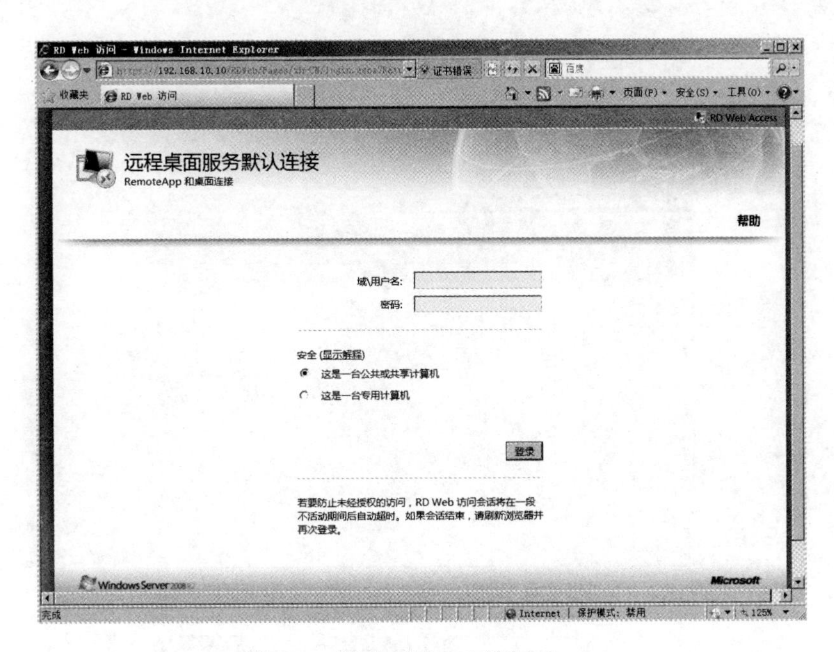

图 9-17　远程桌面 Web 访问（一）

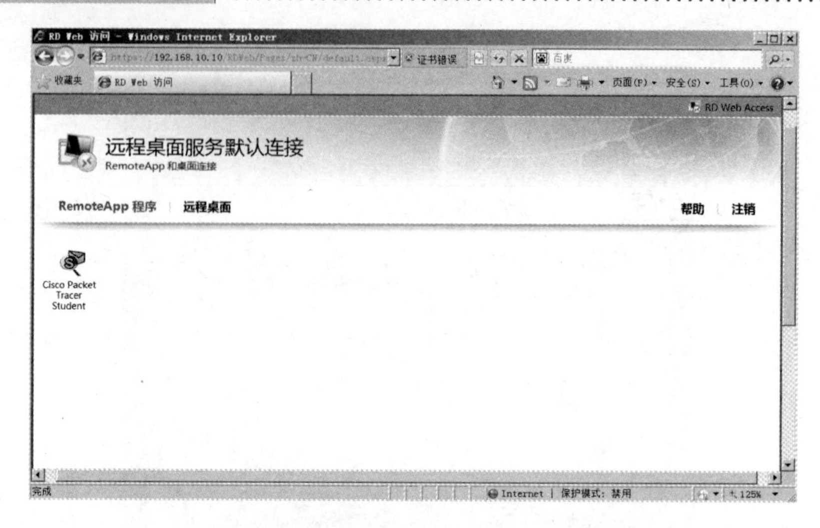

图 9-18 远程桌面 Web 访问（二）

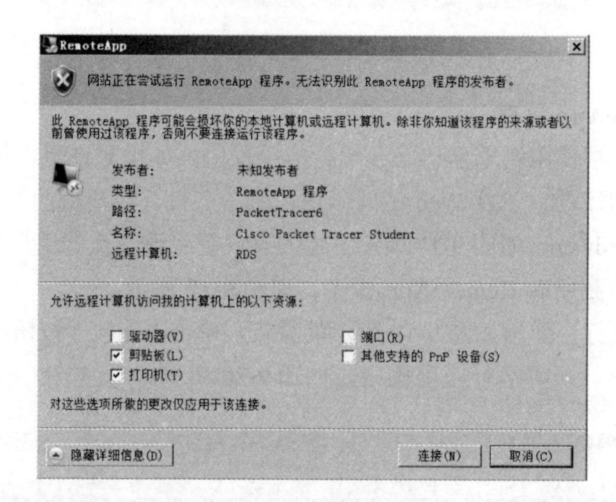

图 9-19 程序运行警告

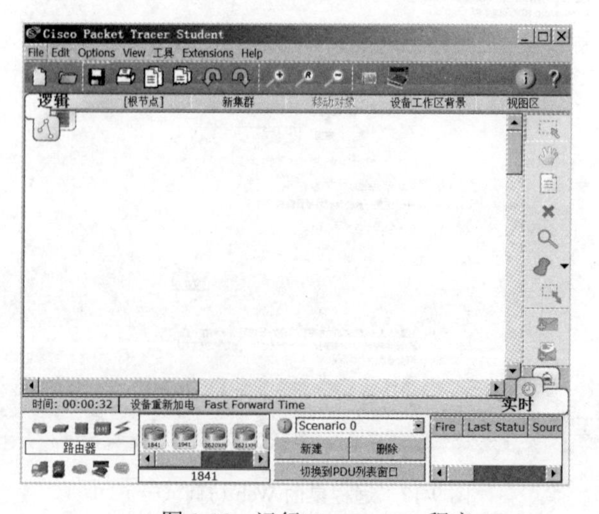

图 9-20 运行 RemoteApp 程序

注意

Web访问需要运行 ActiveX控件，页面顶端弹出提示信息，单击提示信息，在弹出的快捷菜单中选择“运行加载项”，单击“运行”按钮，就可以查看可用程序列表。

4．创建.rpd文件

将RemoteApp程序打包成.rdp文件，复制到用户的计算机上，使用户运行这些程序更方便。在如图9-14所示的“RemoteApp管理器”窗口，选择RemoteApp程序，单击“创建.rdp文件”，如图9-21所示。弹出“RemoteApp”向导，单击“下一步”按钮，指定.rdp文件的保存路径、连接端口等选项，如图9-22所示。把创建完成的.rdp文件复制到客户机，用户可双击运行，简化操作步骤。创建Windows Installer程序包和创建.rdp文件方法相似，不再赘述。

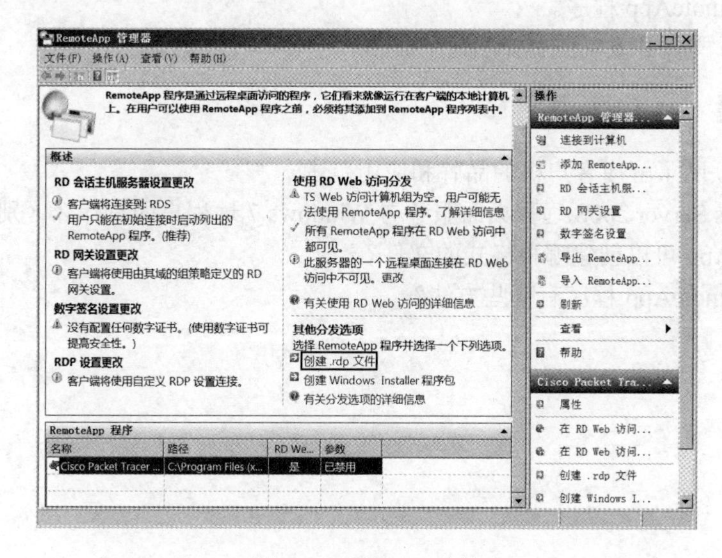

图9-21 创建.rdp文件

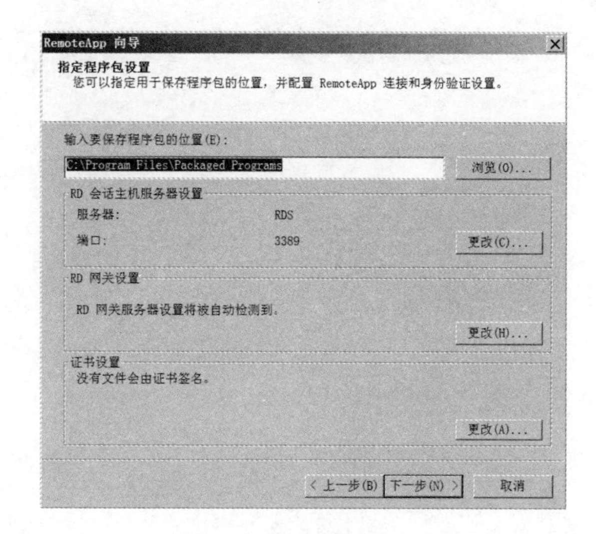

图9-22 指定程序包设置

9.3 实验案例

某公司 10 年前购买的一批 PC 机由于内存小、处理器版本低，面临着淘汰。公司为了节约运营成本，不想更新员工用的旧 PC，欲继续使用这些计算机作为日常办公。决定在远程桌面服务器上部署虚拟化应用程序供用户访问，同时希望用户可直接双击电脑上的图标就能访问。

推荐步骤：

- 在远程桌面服务器上安装远程桌面服务。
- 在远程桌面服务器上安装应用程序。
- 添加可访问远程桌面的用户。
- 添加 RemoteApp 程序。
- 创建.rdp 文件并复制到客户机。

✧ 思考题

- 利用互联网了解瘦客户机的品牌和应用范围。
- Windows Server 2008 远程桌面服务与 Windows 7 远程桌面有什么区别？
- RemoteApp 可以创建哪种格式的文件？
- 访问 RemoteApp 程序有哪些方法？

参 考 文 献

[1] Mark A. Dye, Rick McDonald, Antoon W.Rufi. 网络基础知识. 北京：人民邮电出版社，2009.

[2] 杭州华三通信技术有限公司. 路由与交换技术. 北京：清华大学出版社，2011.

[3] 吴功宜. 计算机网络应用技术教程. 北京：清华大学出版社，2014.

[4] 黄君羡. Windows Server 2008 网络配置与管理. 北京：清华大学出版社，2013.

[5] 李书满. Windows Server 2008 服务器搭建与管理. 北京：清华大学出版社，2014.

[6] 柴方艳. 服务器配置与应用 Windows Server 2008R2. 第 2 版. 北京：电子工业出版社，2015.